ALTENPOHL

TP DIE ZUKUNFTSFORMEL

DIETER ALTENPOHL

TP
Die Zukunftsformel

Möglichkeiten und Grenzen der Technologie-Planung

Unter Mitarbeit von Wilfried Blum

UMSCHAU VERLAG · FRANKFURT AM MAIN

Gesamtherstellung: Brönners Druckerei Breidenstein KG · Frankfurt am Main
ISBN 3-524-00645-0 · Printed in Germany

Zum Geleit

Die wirtschaftliche Entwicklung der Nachkriegszeit läßt sich grob in drei Phasen einteilen: in den fünfziger Jahren stand der Wiederaufbau Europas und die Sicherung der Vollbeschäftigung im Vordergrund. In dieser ersten Phase standen in den angelsächsischen Ländern noch die von Keynes erarbeiteten beschäftigungspolitischen Konzepte im Vordergrund, während in der Bundesrepublik diese Periode im Zeichen der sozialen Marktwirtschaft stand. In den sechziger Jahren gelangte eine Art Wachstumseuphorie zur Geltung: der Fortschritt wurde in erster Linie nach der Höhe der Wachstumsraten des Sozialprodukts bewertet. Dessen Messung erfolgte durch ein System der volkswirtschaftlichen Gesamtrechnung in Form einer auf sechs Konten reduzierbaren volkswirtschaftlichen „Buchhaltung". Dieses zuerst von Richard Stone 1948 vorgeschlagene System wurde von allen westlichen Industriestaaten als verbindlich anerkannt.

Dieses auf marktwirtschaftliche Transaktionen bezogene Erfassungssystem enthielt keine Konten für „volkswirtschaftliche Kosten" oder „Gewinne der Technik". Erst nachdem die positiven und negativen Auswirkungen der Technik deutlich wurden, begann in den siebziger Jahren die dritte Phase der Entwicklung: man begann die auf rein marktwirtschaftlich-quantitative Zurechnung begrenzte Definition des Wirtschaftswachstums zunehmend in Frage zu stellen; der Ruf nach einer qualitativen Wachstumspolitik, nach Kriterien eines organischen Wachstums wurde laut. Im Mittelpunkt dieser heute im vollen Gang befindlichen Diskussion steht die Frage nach der Wertung der Technologieentwicklung und nach den Instrumenten der Technologie-Planung.

Das vorliegende Werk von Dieter Altenpohl bietet eine ausgezeichnete, ebenso umfassende wie leicht verständliche Zusammenfassung aller mit der Technologie-Planung zusammenhängenden Problembereiche. Altenpohl ist ein international anerkannter Aluminiumfachmann. Er ist Verfasser von zwei Büchern, „Aluminium und Aluminiumlegierungen" und „Aluminium von innen betrachtet". Als Direktor des Gruppenstabes „Perspektiven und Innovation" eines weltweit tätigen Unternehmens hat er sich über den Rahmen seines unmittelbaren Spezialgebiets hinaus intensiv mit Forschungs- und Entwicklungsprogrammen befaßt, die im Zuge neuer Technologien im strategischen Dreieck von Staat, Wirtschaft und Wissenschaft vorliegen. In diesem umfassenden Rahmen sieht er die Technologie-Planung zu Recht nicht als eine Aufgabe, die losgelöst von den gesamtwirtschaftlichen und gesellschaftlichen Bedingungen von einer Firma im Alleingang bewältigt werden kann. Eingehend behandelt er im Blick auf das ökologische Gesamtgleichgewicht die beiden Hauptelemente der Technologie-Planung: die technologische Vorhersage und die technologische Folgenabschätzung, das sog. „Technology Assessment". Dem Leser werden die wichtigsten Methoden übersichtlich vorgeführt. Der Verfasser kann auf ein reiches technisches Erfahrungswissen zurückgreifen. Die von ihm herangezogenen Beispiele sind deshalb so einleuchtend, weil sie einerseits auf naturwissenschaftlichen Kenntnissen beruhen und andererseits in den Gesamtzusammenhang der Problematik hineingestellt werden, die heute, nachdem die Technik nicht mehr sich selber überlassen werden kann, durch das Zusammenspiel von Wissenschaft, Wirtschaft und Öffentlichkeit eine außerordentliche Aktualität erlangt hat.

Der Autor mißt der Technologie-Planung zentrale Bedeutung für die Bewältigung sowohl der Energie- wie auch der Rohstoff- und der Nahrungsprobleme bei. Sein Urteil ist abgewogen; er kann deshalb weder in die Gruppe der „Durchbruchsstrategen"

eingereiht werden, die glauben, mit Technik alles lösen zu können, noch in die Gruppe jener Schwärmer, die bar jeder technischen und betriebswirtschaftlichen Kenntnisse von einer Idealwelt des „Zurück zur Natur“ träumen.
Die Klarheit der Sprache und der didaktisch gut aufgebaute Stoff dürfen jedoch nicht darüber hinwegtäuschen, daß man es hier mit einem außerordentlich komplexen Problembereich zu tun hat. Die Kooperationsformen zwischen Regierung, Industrie und Öffentlichkeit müssen im Hinblick auf die Erarbeitung der technologischen Prioritäten unserer Gesellschaft noch erlernt werden, die Institutionen dafür erst noch gebildet werden. Der erste Schritt dazu besteht in einer möglichst objektiven und übersichtlichen Zubereitung des Grundlagenwissens. Das vorliegende Buch leistet diese Arbeit.
Im Felde der sehr umfangreichen Literatur, die heute zu diesen Problemen angeboten wird, steht es zwischen den extrem technischen Beiträgen, die sich lediglich an wenige Spezialisten richten, und der oft desorientierend schiefen, nur punktuelle Information vermittelnden Populärliteratur. In diesem Sinne ist das vorliegende Buch – weit über den Fachbereich des Autors hinausgehend – ein echter Beitrag zu der heute so notwendigen „Spezialisierung in Kohärenz“. Der Autor erweist sich darin als progressiv im eigentlichen Sinne, geht er doch über die von vielen Ideologen der Privatwirtschaft wie des Staatskapitalismus behauptete Interessenkollision von Industrie und Öffentlichkeit hinaus. Sein Buch wird – dessen darf man gewiß sein – eine breite Leserschaft finden und Anstöße zum Nachdenken über die uns alle gemeinsam betreffenden Probleme geben.

April 1975

Prof. Dr. Bruno Fritsch
ETH Zürich

Inhaltsverzeichnis

Vorwort

Oft ist die Zukunft schon da,
ehe wir ihr gewachsen sind.
JOHN STEINBECK

Verfolgt man heute die Presse, so artikuliert sich in vielen Beiträgen eine Verunsicherung über die Rolle der Technik in unserer modernen Zivilisation. Immer wieder wird die Frage gestellt, ob die Technik sich überhaupt noch zum Wohle der Menschheit auswirkt, denn in wichtigen Sektoren des öffentlichen Lebens, wie Verkehr, Energie oder Umweltqualität, steht die Öffentlichkeit seit einiger Zeit vor einem „Wildwuchs der Technik".

In den letzten Jahren wurde diesbezüglich eine gewisse Ziellosigkeit festgestellt und andererseits eine Neuorientierung im Fortschreiten der technischen Entwicklung gefordert. Wir sind daher mit der Frage konfrontiert: Kann die Technik in Zukunft sinnvoll geplant und den neuen Bedürfnissen angepaßt werden, um uns allen eine menschenwürdige Zukunft zu garantieren? Diese Frage ist heute nicht nur für Regierungsinstanzen und die Geschäftsführung in der Industrie aktuell, sondern beschäftigt auch eine breitere Öffentlichkeit, weil diese immerhin am Ende einer jeden Maßnahme steht und die positiven oder negativen Folgen zu tragen hat. Ursache für diese bohrende Frage ist eine stattliche Reihe augenfälliger technologischer Fehlplanungen: die bisherige Konzeption des Automobilbaus, die starke Ölabhängigkeit unserer Energieversorgung, der zivile Ultraschallflug und schließlich eine Reihe ungeklärter Fragen im Sektor des Umweltschutzes, um nur einige Beispiele zu nennen.

Das allgemeine Interesse an einer verbesserten Planung der Technik beruht aber nicht nur auf negativen Erfahrungen, sondern ebenso auf den offenkundig vorhandenen Möglichkeiten, durch sinnvollen Einsatz der Technik der zukünftigen Entwicklung positive Impulse zu geben. Dies ist beispielsweise in der Bestandsaufnahme über die zukünftige Energieversorgung der Fall, wo man im Rahmen einer systematischen Technologie-Planung Exotisches von Realisierbarem trennen kann, um die zukünftigen Schwerpunkte richtig zu wählen.

Generell kann man sagen, daß die Technik wohl eine Reihe von Problemen hervorgerufen hat, aber ebenso durch neue und bessere Lösungen entscheidend dazu beitragen kann, die Probleme zu beseitigen oder zu mildern. Auf diesem Gebiet wird in den führenden Industrienationen schon viel „stille" Arbeit geleistet, und die bisher vorliegenden Konzepte sind beachtenswert und ermutigend.

Die Frage nach der Zukunft der Technik ist durch eine Flut von Publikationen aller Art und intensive Teilnahme der Öffentlichkeit zwar aktuell, aber auch schwer übersehbar geworden, da gerade auf diesem Gebiet eine echte qualitative Informationslücke besteht: Die Massenmedien neigen dazu, extremen und eher pessimistischen Stellungnahmen viel Platz einzuräumen. Auf der anderen Seite gibt es eine Reihe ernsthafter Beiträge und Bücher, die sich wohl mit der Vorhersage von technologischen Entwicklungen befassen, aber oft nur ausgesprochenen Spezialisten verständlich sind.

Hinzu kommt, daß einige Futurologen mit ihren Vorhersagen über die Technologie des Jahres 2000, über den technologischen „Schock" oder über die unausweichlichen „Grenzen des Wachstums" ihre Leser unnötig beunruhigen, ja, mit ihren Prognosen kräftig daneben langten. Hier sei nur an die Vorhersagen von Herman Kahn über die weitere stürmische Entwicklung der japanischen Industrie oder an die 1967 von Jean-Jacques Servan-Schreiber erhobene Forderung erinnert, die

Kohlegruben in Frankreich zugunsten einer vermehrten Verwendung von Öl stillzulegen. Diese Gruppe futuristischer Publikationen liefert auch keinen brauchbaren Leitfaden für die folgenden Jahre.

Der verunsicherte Zeitgenosse steht also einerseits ratlos vor einer schwer lesbaren Spezialliteratur und mag andererseits einer Vielzahl stark beachteter, sensationeller, aber oberflächlicher Veröffentlichungen nicht mehr den rechten Glauben schenken. Wie die notwendige Anpassung der Technik für das nächste Jahrzehnt nun wirklich in den Griff zu bekommen ist, hat ihm noch niemand gesagt. Vielleicht kann es das vorliegende Buch. Da es echte, realisierbare Angaben über die zukünftigen Aufgaben der Technik liefern will, sind die Zusammenhänge so dargestellt, daß ein breiter Leserkreis die Möglichkeiten, aber auch die Grenzen einer sinnvollen Planung der Technik erkennen kann. Besonderer Wert wird auf die Notwendigkeit eines Zusammenspiels im Kräftedreieck Öffentlichkeit – Regierung – Industrie gelegt, da hier immer häufiger der Schwerpunkt der Technologie-Planung zu finden sein wird.

Es wird in diesem Buch häufig von der Industrie und von Beispielen aus der Industrie die Rede sein. Dies ließ sich nicht vermeiden und ist auch nur logisch. Einmal können wir das Rad der Zivilisation nicht zurückdrehen und in einem jungfräulichen Garten Eden leben, zum anderen war es die Industrie, die bislang in erster Linie die positiven und negativen Beispiele für eine Technologie-Planung lieferte. Die industrielle Gesellschaft formt unser Leben, wird es formen – wir müssen also über ihre Gesetze nachdenken und realistische Konzepte vorlegen. Ebenso aber müßen wir uns über künftige soziotechnische, demographische, bildungspolitische und andere Entwicklungen des institutionell-öffentlichen Bereichs Gedanken machen. Negative Beispiele aus diesem Sektor gibt es genug – manches wäre besser gelaufen, hätte man in den Amtsstuben sich Systemdenken und das Instrumentarium des „Technological Planning“ zu eigen gemacht. Auch hier – und das nicht an letzter Stelle – will das Buch Denkanstöße geben. Es will ein im besten Sinne „öffentliches“ Buch sein, das Maßstäbe für unsere Zukunft setzt.

Der Verfasser hatte im Rahmen seiner beruflichen Aufgaben Gelegenheit, in Europa, USA und Japan an Seminaren und Konferenzen teilzunehmen, die sich mit der Anpassung der Technik an die zukünftigen Bedürfnisse und Randbedingungen befaßten. Er möchte an dieser Stelle seinen in- und ausländischen Kollegen danken, deren Fragen, Meinungen und Forderungen in lebhaften und anregenden Diskussionen in diesem Buch ihren Niederschlag fanden.

I. Die technologische Herausforderung

Unsere Fehlschläge sind lehrreicher als unsere Erfolge.

HENRY FORD I

Der Titel dieses Buches bedarf vorweg einer Begründung, denn Technik sowie ihre Planung gibt es bereits seit langem und in immer neuen Varianten. Aber erst seit einigen Jahren werden Öffentlichkeit, Behörden und auch die Industrie intensiv mit der Frage konfrontiert, ob die Technik uneingeschränkt weiterwachsen kann. Die Entwicklung der Technik hat sich zugespitzt auf die Alternative: Wildwuchs oder Planung.

Es gibt in der Tat eine Reihe markanter Fälle, die zeigen, daß Wildwuchs der Technik Öffentlichkeit und Industrie folgenreiche Überraschungen beschert hat. Generell betrifft dies zunächst die Probleme, welche sich heute im Bereich des Umweltschutzes sowie bei der Verknappung von Energie und Rohstoffen stellen. Bekannte Beispiele für technische Fehlplanungen sind die kostspielige Entwicklung ziviler Überschallflugzeuge in den Vereinigten Staaten und in Europa, oder auch die weltweite Unterschätzung der Probleme beim Bau und Betrieb von Atomkraftwerken.

Die technische Entwicklung hat sich neuen Zielsetzungen anzupassen und die hiervon betroffenen Unternehmen gehören praktisch zu allen Industriegruppen. Bis etwa Anfang der siebziger Jahre diente die technische Entwicklung hauptsächlich zur

– Einführung neuer industrieller Verfahren und Produkte
– Erzielung einer verbesserten Wirtschaftlichkeit.

Hieraus resultierte insbesondere eine Umsatzsteigerung des Unternehmens sowie eine Steigerung des Pro-Kopf-Verbrauches eines bestimmten Produktes in einem gegebenen Marktbereich. Anfang der 70er Jahre kommen weitere Zielsetzungen verstärkt zum Tragen, insbesondere

- Verbesserung der Lebensqualität
- Umweltkonformer Einsatz von Energie und Rohstoffen
- Zusammenarbeit mit Entwicklungsländern bei ihrer Industrialisierung und bei der Verarbeitung von Rohstoffen im Herkunftsland

Insbesondere diese Zielsetzungen führen zur Frage, welchen Spielregeln die Entwicklung der Technik in Zukunft zu folgen hat. Die Ausrichtung der technischen Entwicklung auf die geforderten Ziele versuchen wir unter dem Oberbegriff „Technologie-Planung" zusammenzufassen.
Bisher war abwechselnd von Technik und Technologie die Rede. Im deutschen Sprachgebrauch war in der Vergangenheit die klassische Definition von Technologie: „Lehre von der Umwandlung von Rohstoffen in Fertigprodukte". Im Englischen besitzt das Wort „technology" eine viel umfassendere Bedeutung und ist ungefähr gleichbedeutend mit dem deutschen Wort Technik.
Viele englische Ausdrücke wie „technology planning" oder „technology forecasting" haben unverändert oder in direkter Übersetzung als Fachausdrücke in der deutschen Sprache Eingang gefunden. So spricht man heute beispielsweise häufig von der „technologischen Entwicklung", womit die Entwicklung verschiedenster technischer Disziplinen gemeint ist. Wir werden daher den Ausdruck „Technologie" weiter fassen müssen als in der oben zitierten klassischen Definition.
Die von uns beschriebene Technologie-Planung betrifft insbesondere die Erzeugung von Rohstoffen und Energie, die Grundstoffindustrie sowie die Herstellung von Produkten, welche in erheblichem Ausmaß Rohstoffe und Energie benötigen. Des weiteren erfaßt die Technologie-Planung grundlegende techni-

sche Veränderungen und insbesondere Verfahren und Produkte, welche auf die Umwelt einwirken.
Es handelt sich somit um Aktivitäten, die im Zusammenhang mit Umweltschutz, Energieversorgung und Umstrukturierung der Grundstoffindustrien Gegenstand intensiver Diskussionen in der Öffentlichkeit geworden sind.
Neben der Industrie haben heute auch Regierungsinstanzen erkannt, daß eine sorgfältige Technologie-Planung ein wichtiger Grundstein für die Zukunftsplanung überhaupt ist.
So hat der amerikanische Kongreß 1972 ein „Office of Technology Assessment“ (OTA) gegründet. Auch in einigen westeuropäischen Hauptstädten wird zur Zeit die Gründung solcher „OTA's“ erörtert.
Als Assessment bezeichnet man im Englischen eine Gesamtbewertung. Im Deutschen wurde für Technology Assessment der Ausdruck „Technologie-Folgenabschätzung“ oder auch „Technologische Gesamtbeurteilung“ geprägt.
Das Technology Assessment stellt ein wesentliches Element der Technologie-Planung dar. Mit seiner Hilfe sollen bereits im voraus die beabsichtigten sowie die unerwünschten Auswirkungen eines Verfahrens oder Produktes erfaßt und bewertet werden.
Eine systematische Technologie-Planung bei Behörden und Industrie kann entscheidend dazu beitragen, einen Wildwuchs der Technik mit den sich daraus ergebenden schwerwiegenden Folgen zu verhindern und die Entwicklung der Technik im weitesten Sinne in sinnvolle Bahnen zu lenken.

II. Was ist Technologie-Planung?

Aus der Vergangenheit kann jeder lernen.
Heute kommt es darauf an, aus der Zukunft zu lernen.

HERMAN KAHN

Im Falle einer industriellen Unternehmung ist es die Aufgabe der Technologie-Planung, nach Vorgabe der allgemeinen Firmenstrategie die zukünftigen Markt- und Umweltbedingungen zu untersuchen und danach Zielvorstellungen über die anzuwendenden Technologien zu entwickeln. Die Technologie-Planung kann sowohl die Forschung, die Entwicklung der Verfahrenstechnik, als auch die Produktion beeinflussen. Die Technologie-Planung liefert keineswegs eine Entscheidung, sondern dient allein der Entscheidungsvorbereitung.

Sie ist nur eines der Hauptplanungselemente, die im Rahmen der gesamten Unternehmensplanung (corporate planning) zusammengefaßt werden. Ihr zur Seite stehen beispielsweise noch die Finanzplanung, die Produktionsplanung sowie die Verkaufsplanung.

Die Technologie-Planung wird von einer Reihe von Randgebieten beeinflußt, die für ihren Ablauf und auch für ihren Erfolg ausschlaggebende Bedeutung haben. Sie hat eine Vielzahl von Elementen aus den Bereichen des Marketing, der Ökologie, der Politik sowie der Soziologie zu berücksichtigen, wobei die Technologie das Rückgrat dieser spezifischen Planungsarbeit darstellt.

Man muß sich allerdings fragen, ob eine separate Disziplin gerechtfertigt ist, denn für viele Entscheidungen wird die Technologie weniger als die Hälfte der zu berücksichtigenden Kriterien ergeben. Um diese Frage zu beantworten, suchen wir einen

Vergleich aus der Medizin: Auch dort sind die einzelnen Fachgebiete eigenständig, aber sehr stark interdependent. Die Chirurgie beispielsweise ist als eigenständige Disziplin anerkannt, trotzdem ist fast jeder chirurgische Fall stark abhängig von verschiedenen anderen medizinischen Spezialgebieten. Es hat sich jedoch als sinnvoll erwiesen, die einzelnen medizinischen Disziplinen separat zu entwickeln, wobei die interdisziplinäre Wechselwirkung immer mehr in den Vordergrund tritt. Das gleiche gilt auch für die Technologie-Planung. Der Einfluß der zuvor genannten Randgebiete auf die Technologie beginnt sich immer stärker bemerkbar zu machen. Die Einbeziehung interdisziplinärer Wechselwirkungen mit Randgebieten ist ein wesentliches Merkmal der Technologie-Planung. In diesem Sinne muß die Technologie-Planung sich mit einem wesentlich weiteren Gebiet befassen als der Technologie an sich.
Diesem Gesichtspunkt nahe verwandt ist die Forderung nach Systemdenken. Wir wollen dies an Hand eines Beispiels aus der Wasserwirtschaft verdeutlichen: Durch Betrachtung des gesamten Wasserhaushalt-Systems eines bestimmten Gebietes könnte man beispielsweise zu dem Schluß kommen, daß es zweckmäßiger sei, einen speziellen, kleineren Fluß besonders stark mit Abwässern zu belasten, ihn eventuell zuzudecken und mit einer Spezialkläranlage auszurüsten. Dadurch könnte der Verunreinigungsgrad aller anderen Gewässer niedriger gehalten werden. Dieses Verfahren hätte sicherlich Vorteile gegenüber der Alternative, alle Flüsse gleichmäßig mit einem mittleren Belastungsgrad zu belegen, wodurch sie für Trinkwasserversorgung oder Freizeitaktivitäten an Qualität einbüßen würden.
Dieses Systemdenken kann analog auch auf Verkehrsplanung, Städteplanung usw. übertragen werden. Es bedarf in jedem Fall eingehender Studien und ist auch bei Behörden bisher noch selten anzutreffen. Das Systemdenken ist ein typisches Kennzeichen der Arbeitsweise der Technologie-Planung.

Das Systemdenken kann auch am Beispiel der Chemieindustrie veranschaulicht werden: In der Vergangenheit war für viele Chemiefirmen die Zuständigkeit für ihr Produkt mit dem Verkauf, eventuell noch mit einer kurzen Beratung verbunden, abgeschlossen. Die durch Insektizide (z. B. DDT) oder Waschmittel aufgeworfenen Probleme zeigen, daß dies heute nicht mehr genügt. Das sich neu entwickelnde Systemdenken bewirkt, daß es dem Produzenten nicht länger gleichgültig sein kann, was mit seinem Produkt beim Konsumenten geschieht. Er wird sich vielmehr sehr eingehend auch mit der Frage beschäftigen, ob sein Produkt Probleme nach dem Gebrauch aufwirft, ob es biologisch abbaubar ist und ob die eventuell entstehenden Abbauprodukte unerwünschte Nebenwirkungen haben. Dieses „sich verantwortlich fühlen" für die Auswirkungen einer Technologie ist das Grundelement des „technology assessment", auf das wir später noch eingehend zurückkommen werden.
Im Industriebereich hat diese Denkart oftmals mehr positive als negative Elemente für den Produzenten und sogar für sein Bestreben, Gewinne zu machen. Beispielsweise wird sich ein umweltfreundliches Produkt besser verkaufen lassen als ein Fabrikat, über dessen Auswirkungen der Hersteller nach dem Gebrauch keine weiteren Angaben macht oder das sogar unerwünschte Folgen zeitigt.
Die Anwendung des beschriebenen Systemdenkens erfordert bei der Beurteilung eines neuen Verfahrens oder eines neuen Produktes die Berücksichtigung einer Vielzahl von Elementen. Es ist somit erwünscht, ein möglichst gut definiertes Instrumentarium zur Hand zu haben. Während dies auf dem rein technologischen Sektor neuerdings gut entwickelt ist, mangelt es im ökologischen und vor allem im sozialen und politischen Bereich noch spürbar an hinlänglich quantifizierten Bewertungskriterien. Dennoch wird man im Rahmen der Technologie-Planung bemüht sein, diese Lücke zu überbrücken.

Auch die Technologie-Planung kann nur eine Vorausschau in die Zukunft sein. Sie enthält daher Angaben, die nur relativ richtig sind, da sie sich auf die zum Planungszeitpunkt vorliegenden Informationen stützen müssen. Die Technologie-Planung befaßt sich mit allgemeinen Planungshorizonten und enthält daher mehr mit Unsicherheit belastete Elemente als jede andere Routineplanung. Um nicht von neuen, nicht vorhersehbaren Entwicklungen ad absurdum geführt zu werden, bedarf die Technologie-Planung in gewissen Intervallen der Überprüfung, um jeweils auf den neuesten Stand gebracht zu werden. Ein laufendes Verfolgen aller technologischen Neuerungen (das sogenannte „monitoring") ist somit eine wichtige Grundvoraussetzung für die Technologie-Planung.
Vordergründiges Ziel einer Technologie-Planung ist das Erarbeiten einer Gesamtlösung. Grundlagen dafür sind einerseits Systemdenken und interdisziplinäre Teamarbeit, andererseits jedoch auch entsprechende Erfahrungen. Wo können jedoch solche Erfahrungen erarbeitet werden?

- An den Hochschulen?
- Im bestehenden Management?
- Bei staatlichen Instanzen?

Betrachten wir zunächst einmal die Hochschulen. In den technisch-naturwissenschaftlichen Disziplinen werden ausgesprochene Spezialisten ausgebildet. Der Hochschulabsolvent hat das interdisziplinäre Teamwork nicht in seinem Erfahrungsschatz und die von ihm erlernte Fachsprache erschwert es ihm regelrecht, mit Angehörigen anderer Disziplinen in einen Dialog über Gesamtkonzepte einzutreten.

Beispiel:

Der Metallurge: „Die Karbide liegen an den Korngrenzen eines stark dendritischen Gefüges."

Der Computerspezialist: „Das Mikroprogramm in einem 32 768 Bytes großen labdaren monolytischen Mikroprogramm-Speicher. . .“

Der Elektroniker: „Die Schaltung eines direkt gekoppelten Flip-Flops mit kapazitiver Triggerung. . .“ (nach Ch. Gasser)

Auch bei jüngeren Semestern kann man heute die Fragestellung immer wieder finden, wofür das Spezialfach, welches man studiert, eigentlich gut ist, und wie es sich späterhin in die Volkswirtschaft sinnvoll einordnet.

Nun müssen wir uns fragen, ob die bereits in der Industrie tätigen Ingenieure für das Systemdenken vorbereitet sind. Dies muß weitgehend verneint werden – die Firmen sind meist auch wiederum voller Spezialisten, die nach der Methode der vielen kleinen Schritte ein Produkt oder Verfahren zu verbessern trachten. Meistens fehlt jeder Anreiz, über die Gesamtproblematik der Firma vom Rohstoff bis zum Endprodukt und dessen weiteres Schicksal nachzudenken, geschweige denn, hierüber konkrete Vorschläge zu unterbreiten.

Die Geschäftsführung ihrerseits ist bisher auch meistens durch dringende Tagesfragen weitgehend in Anspruch genommen und findet daher kaum Zeit, über grundlegende neue Konzepte systematische Erhebungen anzustellen. Hier gibt es allerdings erhebliche Unterschiede, und viele industrielle Unternehmen mit progressiver Firmenleitung haben sich das Instrumentarium geschaffen, um die neuen Randbedingungen systematisch zu erfassen und in ihre Technologie-Planung laufend einzubeziehen. Eigenartigerweise findet man sodann auch in den Regierungsinstanzen einiger hochindustrialisierter Länder gute Ansatzpunkte oder sogar Konzepte für eine Technologie-Planung. Aus dem Blickwinkel der Privatindustrie ist dies aber nicht unbedingt wünschenswert, denn eine wichtige Komponente der unternehmerischen Verantwortung verlagert sich auf diese Weise auf die staatliche Ebene, wo schließlich Fragen, welche ein

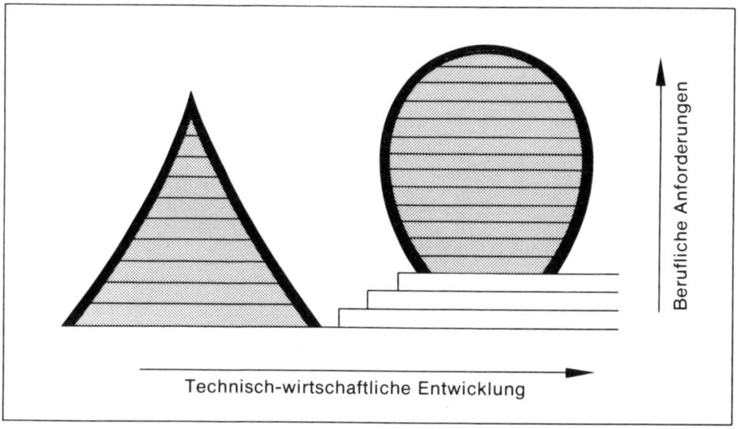

Quelle: Ch. Gasser

Abb. 1 Veränderungen der Anforderungen an das Personal

Unternehmen im Kern seiner Existenz treffen, entschieden werden sollen.

Somit sind wir wieder bei der Frage angelangt: Wie soll die Industrie ihre Technologie-Planung in Angriff nehmen? Zunächst muß man sich von fatalistischem Denken freimachen und beschließen, alle interessierenden Veränderungen und Randbedingungen zu suchen und zu bewerten.

Abb. 1 veranschaulicht den Trend, statt einer kleinen Führungsspitze und eines breiten Unterbaus einfacher Arbeitskräfte das „geistige Kapital" der Firma aufzustocken. Dabei wird nahe der Firmenspitze die Suche nach neuen Gesamtkonzepten und damit die Technologie-Planung anzusiedeln sein. Im übrigen zeigt dieses Bild die Verlagerung zu qualitativem Wachstum und damit zu höherer Wertschöpfung.

III. Warum brauchen wir Technologie-Planung?

Das Glück begünstigt den, der vorbereitet ist.

LOUIS PASTEUR

1. Der Wildwuchs der Technik

Aus der Sicht der Öffentlichkeit

Die ungehemmte Entwicklung von Technik, Produktion und Konsum hat auf Grund ihrer Nebenwirkungen in letzter Zeit einen Sinneswandel der Öffentlichkeit bewirkt, wie man ihn vor wenigen Jahren noch kaum für möglich gehalten hätte. Im Jahre 1968, dem Gründungsjahr des Club of Rome, war z. B. der Begriff „Grenzen des Wachstums" noch völlig unbekannt. Seit Veröffentlichung der Studie „The Limits to Growth" hat dieser Begriff jedoch eine weltweite Verbreitung gefunden und Reaktionen ausgelöst, die von Vorschlägen zur Schonung der Rohstoffe bis zur Konsumeinschränkung reichen.

Rohstoffe und Energie wurden bisher in einer Art und Weise verwendet, als ob sie in unbeschränkten Mengen vorhanden und jederzeit verfügbar wären. So wurden Automobile meistens nach sechs bis zehn Jahren als nahezu wertlos verschrottet und z. B. vor der amerikanischen Küste als künstliche Fischbehausungen im Meer versenkt. Diese Wegwerfmentalität hatte zur Folge, daß die meisten Rohstoffe eine Art Einbahnstraße durchlaufen. Speziell gilt dies natürlich für Energie, welche die Einbahnstraße zudem mit einem sehr schlechten Wirkungsgrad durchläuft: Beim Automobil dienen nur fünfzehn bis zwanzig Prozent der in Form von Benzin aufgewendeten Energie schließlich der Fortbewegung des Gefährtes. Bei der Stromerzeugung in thermischen Kraftwerken gehen rund zwei Drittel der eingesetzten Energie als Abwärme verloren, ebenso wie bei der jetzigen Generation der Atomkraftwerke (Leichtwasserreaktoren).

Verbunden mit dem exponentiell ansteigenden Verbrauch von Rohstoffen und Energie war eine im gleichen Maße wachsende Zunahme von Abfallstoffen und Abfallwärme, die die Umwelt stark zu belasten begannen. Mit Besorgnis wurde festgestellt, daß keine Mittel vorhanden waren, um der Verschlechterung der Umweltbedingungen und der Verknappung von Rohstoffen und Energie Einhalt zu gebieten. Denn die riesigen Aufwendungen, welche insbesondere in den 60er Jahren für industrielle Forschung und Entwicklung betrieben wurden, hatten kaum je die Ziele im Auge, die heute so stark an Bedeutung gewonnen haben. So sind in den letzten 25 Jahren in den USA etwa 190 Milliarden $ für Rüstung, Atomforschung und Raumfahrt ausgegeben worden, wobei die Resultate kaum oder höchstens als Nebenerscheinung zu einer Verbesserung der Lebensqualität beigetragen haben.

In diesem Zeitintervall nach Beendigung des Zweiten Weltkrieges gingen Impulse zur grundlegenden Innovation vor allem von der Forschung aus. Hierbei dominierte oftmals der Antrieb der Wissenschaftler, etwas „Machbares zu machen", also z.B. den Flug zum Mond. Statt dieses „science push" ist heute und in Zukunft die Berücksichtigung lebenswichtiger Marktbedürfnisse für die Forschungsplanung maßgebend, also der „demand pull". Abb. 2 zeigt den ratlosen Planer, der zusehen muß, daß die bisherige Zielrichtung der Forscher, welche für ihre Projekte oft Milliardenbeträge in Anspruch genommen haben, mit den tatsächlichen Bedürfnissen nur teilweise oder gar nicht übereinstimmt.

Als Folge hat die Grundlagenforschung viel an Prestige verloren. So findet heute z. B. in vielen Industriestaaten das Soziologiestudium wesentlich mehr Interesse als technische Studienrichtungen.

Es soll an dieser Stelle nicht versucht werden, die vielen, teils unbewußten Momente aufzudecken, die zu diesem Sinneswandel geführt haben. Wir möchten jedoch auf das Phänomen hin-

Abb. 2 Der ratlose Planer Quelle: M. Cetron

weisen, daß eine technologisch ausgerichtete Gesellschaft voller Autos, Fernsehgeräte und Haushaltsmaschinen den Menschen keine echte Zufriedenheit gebracht hat. Die Kluft zu den wirklichen Bedürfnissen des Menschen wird durch die Befriedigung möglichst aller Konsumwünsche sogar eher noch größer. Der Konsummensch spürt, daß sich die Lebensqualität mit zunehmender Produktion und steigendem Verbrauch an materiellen Gütern eher verschlechtert.

Eine Verbesserung dieser Situation kann nur durch eine entsprechende Korrektur der Zielsetzungen erfolgen. Während in den letzten 100 Jahren die Wechselwirkung zwischen Wissenschaft und Technik die wichtigste treibende Kraft für die Aktivitäten der Industrie gewesen ist, treten die hochentwickelten Länder in den 70er Jahren in eine neue Ära ein. Jetzt werden die Bedürfnisse des Menschen nach verbesserter Lebensqualität eine Haupttriebkraft für Aktivitäten der Industrie (n. Speiser).

Allgemein muß sich bei allen Menschen, die in irgendeiner Form an der Gestaltung unserer Lebensbedingungen beteiligt sind, die Erkenntnis durchsetzen, daß in Zukunft nicht mehr alles „Machbare" gemacht werden darf. Dies gilt auf recht unterschiedlichen Sektoren, von der Biologie über die Medizin bis zur Raumfahrt. Die moderne Forschung hat unzählige neue Möglichkeiten entdeckt, wovon aber aus sozialen, politischen oder finanziellen Erwägungen viele nicht realisiert werden können oder dürfen. Vielmehr wird mit Hilfe einer Technologie-Planung entschieden werden müssen, welche neuen Entwicklungen im Interesse verbesserter Lebens- und Umweltbedingungen vorangetrieben werden sollen.

Aus der Sicht der Industrie

Auch in der Industrie ist man sich der neuen Einstellung der Öffentlichkeit bezüglich Umwelt, Rohstoffe und Energie bewußt. Dies bedeutet, daß die entsprechenden Faktoren bei der weiteren Tätigkeit berücksichtigt werden müssen. Folgende Punkte haben in den letzten Jahren bei der Entscheidungsvorbereitung der Industrie Bedeutung erlangt:

– Die Mindestgröße einer Fabrikationseinheit ist in den letzten 10 – 15 Jahren in vielen Fällen stark angewachsen,
– Marktanteile sind durch die Beschleunigung von Substitutionsvorgängen instabiler geworden,
– Allgemein herrscht eine Verunsicherung durch schwer quantifizierbare, politisch-soziologische Faktoren wie z. B.
  Umweltschutzforderungen
  Verlagerung von Aktivitäten in Entwicklungs- und Niedriglohnländer
  Wechselkursschwankungen
  Verstaatlichung
  Streiks

Auch auf die Technologie-Planung haben diese Faktoren starken und verunsichernden Einfluß.
Beispiel: Nehmen wir an, eine Befragung aller größeren europäischen Industriebetriebe habe die in ca. 5 – 6 Jahren anzuwendenden Technologien und Materialien oder die herzustellenden Produkte zum Gegenstand. Anhand der Resultate der Befragung werden die Firmen in zwei Gruppen eingeteilt:

Gruppe I: wenig besorgt
Gruppe II: erheblich verunsichert

Nimmt man nun eine Karte Europas und steckt grüne Nadeln für Firmenstandorte der Gruppe I und rote Nadeln für die der Gruppe II ein, so wird man erstaunt sein, wie viele rote und wie wenige grüne Punkte man insbesondere in den industriell hochentwickelten Ländern finden wird.
Dies liegt u. a. daran, daß Entscheidungen in der Privatindustrie notwendigerweise primär auf die nähere Zukunft ausgerichtet sind, um den Reingewinn für das laufende und das folgende Jahr sicherzustellen.
Professor B. Commoner, der ein breit angelegtes Wissen über schädliche Folgen des Wildwuchses der Technik in den letzten zwei bis drei Jahrzehnten besitzt, stellt hierzu folgendes fest:
„In den letzten 25 Jahren wurde in den USA auf Kosten einer langfristigen Stabilität das kurzfristig ausgerichtete Gewinnstreben (der Industrie) begünstigt. Nach dem Kriege zielten fast alle neuen Produkte oder Technologien zunächst auf bessere Rendite oder höhere Umsätze hin, waren dabei jedoch sehr energieintensiv und/oder umweltschädigend, – und dafür wird heute die Rechnung präsentiert.“
Doch so sehr die Öffentlichkeit heute auch alarmiert sein mag, gewisse bedenkliche Entwicklungen nehmen weiterhin ihren Lauf. Dabei sind es heute weniger die Unternehmer, die ohne Rücksicht auf Verluste für die Allgemeinheit nach raschem Gewinn trachten, sondern Technokraten, Forscher und Beamte,

die ohne ein seriöses Technology Assessment mit übersteigerten Erwartungen dem Atomzeitalter entgegeneilen.
Auch in der Industrie muss aber erkannt werden, daß Planung und Entscheidungsfindung herkömmlicher Art, welche auf Marktstudien, Erfahrung und Intuition basierten, heute nicht mehr genügen. Man kann eine sinnvolle Ausrichtung der Firmenziele nicht von einzelnen Zufallslösungen, sogenannten „incremental inputs", erwarten. Als „muddling through" oder „incrementalism" bezeichnet man daher in den USA eine Unternehmensführung, die weitgehend durch das laufende Geschäft und damit durch einzelne, mosaikartige Impulse motiviert wird. Um aber in angemessener Frist grundlegend neue Technologien einzuführen, genügt diese Methode nicht. Dies gilt speziell für Industriebereiche, deren Tätigkeit für das Wohlergehen ganzer Nationen von Bedeutung ist wie z. B. der Energieversorgung. Die richtige Entscheidung kann daher nur anhand einer systematischen Planung vorbereitet und getroffen werden, wobei alle relevanten Kriterien, auch berechtigte Forderungen der Öffentlichkeit, berücksichtigt werden müssen.

2. Technisches Know-how gegen Rohstoffe

In den letzten Jahren hat sich die Abhängigkeit der Industrieländer in Westeuropa sowie auch die Japans von Rohstoffimporten immer stärker herauskristallisiert. Viele der benötigten Rohstoffe befinden sich in der sogenannten Dritten Welt, die sich heute in einer Übergangsphase befindet.
Diese Länder sind dabei, herauszufinden, wie ihre neue Rohstoffpolitik sinnvoll zu planen sei. Ein wichtiges Ölland wie der Iran benötigt nicht nur Einnahmen in Geld, die Industrieländer haben als Zahlungsmittel auch Technologie und Know-how zu bieten. Technologie-Planung ist somit im Zusammenhang mit der Rohstoffversorgung dreifach wichtig:

– Ein Technologie-Transfer in ein Rohstoffland hat in gewisser Weise die Form eines Zahlungsverkehrs.
– Ein wichtiges Element ist die gemeinsame Planung zwischen Rohstoff- und Industrieländern, wobei oftmals bilaterale Abkommen im Vordergrund stehen.
– Die großen Industrienationen werden die technologische Entwicklung dazu benutzen, sich eine neue Unabhängigkeit von den Rohstoffländern zu schaffen, indem beispielsweise im Lande vorhandene ärmere Erze aufgearbeitet oder indem Substitutionswerkstoffe bewußt gefördert werden bzw. das Rezyklieren weiterentwickelt wird.

Zu den zuvor genannten drei Punkten im folgenden noch einige Anmerkungen: Die Entwicklungsländer wollen heute und in Zukunft Partner sein, nicht nur Abnehmer und Rohstofflieferanten. Aus diesem Wunsch nach Partnerschaft resultiert für die Technologie-Planung eine Vielzahl von Anregungen.
Es bedarf bei der Erfassung der Bedürfnisse der Entwicklungsländer eines guten Einfühlungsvermögens. Das Wort Entwicklungshilfe sollte am besten offiziell aus dem Verkehr gezogen werden. Da hinter jeder Entwicklungshilfe gewisse Absichten stehen, ist es logischer, generell von Entwicklungspolitik zu sprechen, für die wiederum die gemeinsam mit den Entwicklungsländern betriebene Technologie-Planung ein wichtiges Element darstellt.
Bei der Standortwahl neuer Fabrikationsanlagen gewinnen in Zukunft völlig neue Bestimmungsfaktoren an Bedeutung, z. B. einerseits Umweltschutzforderungen, andererseits das Verlangen der Rohstoffländer, eine gewisse Verarbeitung der Rohstoffe im eigenen Lande durchzuführen.

3. Technik in den Entwicklungsländern

Der Wunsch vieler Entwicklungsländer, eine Grundstoffindustrie aufzubauen, stößt immer mehr auf das Verständnis und die Kooperation hochentwickelter Länder. Dies ergibt für die 70er und 80er Jahre einen ganz entscheidenden Bestandteil der Technologie-Planung. Wir möchten dies am Beispiel Japans erläutern: Japan hatte bis vor kurzem nach den USA das zweithöchste Volkseinkommen in der westlichen Welt, wobei aber die gesamte japanische Industrie auf engstem Raum zusammengedrängt ist und sich großen Umweltschutzproblemen gegenübersieht. Daher ist es kaum möglich, in Japan zusätzliche größere Industriekomplexe wie Ölraffinerien, petrochemische Anlagen, Papierfabriken oder Hüttenbetriebe anzusiedeln. Statt dessen ist Japan aktiv daran interessiert, Industrien der genannten Art in solchen Ländern aufzubauen, die über Rohstoffe verfügen und an einer Industrialisierung zur Erschließung ihrer Ressourcen interessiert sind.

Auch in den Vereinigten Staaten sowie in den hochindustrialisierten Ländern Westeuropas zeigen sich immer deutlicher Faktoren, welche die Produktionssteigerung in Unternehmen der Grundstoffindustrie sowie in arbeitsintensiven Industrien mit den bisher üblichen Wachstumsraten von z. B. 5 – 10% pro Jahr erschweren. Hier sind zunächst die strengeren Umweltschutzauflagen sowie Einschränkungen im Energieverbrauch zu nennen. Sodann wird es in diesen Ländern problematisch, Arbeitskräfte für die Grundstoffindustrien zu gewinnen, insbesondere wenn es sich um erschwerte Arbeitsbedingungen (Schmutz, Hitze) handelt. Daher verlagern Firmen, die arbeitsintensive Produkte herstellen, ihre Fabrikation teilweise oder weitgehend in Niedriglohnländer.

Bei dieser Verlagerung zeigen sich die Entwicklungsländer heute stark bestrebt, im Lande vorhandene Ressourcen an Arbeitskräften, Energie und Bodenschätzen zur Erzielung erhöhter Wertschöpfung vermehrt im eigenen Lande einzusetzen. Während also die hochentwickelten Länder eine erweiterte Produktion gewisser Industrien förmlich abdrängen, werden die gleichen Industrien von den Entwicklungsländern angezogen. Diese Feststellung darf man aber nicht verallgemeinern, denn es gibt eine Reihe von Sonderfällen: So wird z. B. das in der Nordsee gefundene Erdöl und Erdgas in den angrenzenden Ländern neue Raffinerien und petrochemische Anlagen nach sich ziehen. Ein anderer Sonderfall ist Süditalien, einschließlich Sizilien und Sardinien, wo durch den Staat neue Grundstoffindustrien aufgebaut werden, auch „Kathedralen in der Wüste" genannt. Süditalien kommt in diesem Sinne einem Entwicklungsland nahe.

Es gibt noch eine andere Gruppe von speziellen Fällen: Einige Länder, darunter die USA, entwickeln Extraktionsverfahren und metallurgische Prozesse, um die im eigenen Lande vorhandenen, bisher aber nicht ausgebeuteten ärmeren Erze aufzuarbeiten, statt in weitgehende Abhängigkeit von Ländern der dritten Welt zu geraten, die über reichere Vorkommen verfügen. Dies gilt beispielsweise für Kupfererze mit Gehalten unter 0,7% Kupfer oder für tonhaltige Mineralien mit Aluminiumoxydgehalten von etwa 20 – 45%, welche bisher für die Aluminiumherstellung als unwirtschaftlich galten.

Analoge Feststellungen lassen sich für die Verarbeitung ölhaltiger Schiefer treffen, die in Nordamerika in riesigen Mengen vorhanden sind, deren Verarbeitung man bisher aber aus wirtschaftlichen Überlegungen nicht in Angriff genommen hat.

Ein weiterer Fall sind die großen schwefelarmen Kohlereserven in den USA, welche den Energiebedarf des Landes über mehrere 100 Jahre decken könnten. Diese Kohlevorkommen liegen aber im Nordwesten (z. B. im Staate Wyoming) weitab von den Verbraucherzentren. Daher wird intensiv an Projekten gearbeitet, diese Energiequelle nutzbar zu machen, z. B. durch Gasifizierung der Kohle oder Ferntransport der gemahlenen, mit Flüssigkeit gemischten Kohle durch Pipelines. Alle bisher zitierten Projekte benötigen aber schätzungsweise 5 bis 15 Jahre, um in größerem Ausmaß wirksam zu werden, wobei die Wirtschaftlichkeit in den meisten Fällen noch unsicher ist. Die Technologie-Planung der USA wird aber allein im Hinblick auf das durch Rohstoffimporte rasch zunehmende Zahlungsdefizit Konzepte und Verfahren mit „Vorfahrtsrecht“ berücksichtigen, mit deren Hilfe die Bodenschätze des eigenen Landes vermehrt nutzbar gemacht werden können.

Es sind also zwei gegenläufige Trends zu erkennen. Einerseits gibt es verschiedene Gründe für ein Abwandern der Grundstoffindustrie aus den hochentwickelten Ländern, andererseits sprechen nationale Überlegungen dafür, nicht in zu starkem Maße von Rohstoffländern der sogenannten Dritten Welt abhängig zu sein. Die meisten hochentwickelten Länder werden sich durch ihre Gesetzgebung bemühen, die Grundstoffindustrie und energiesparende Produktionsprozesse im eigenen Lande zu fördern, wobei jedoch vermehrtes Gewicht auf die Forderungen des Umweltschutzes sowie auf die optimale Verwendung von Werkstoffen und Energie gelegt werden wird.

Diese Ausgangslage bewirkt im Rahmen der Technologie-Planung ganzer Industriegruppen fundamentale Umstellungen. Große Firmen aus Westeuropa, USA und Japan suchen heute in der Dritten Welt nach geeigneten Standorten und Partnerschaften für neu zu errichtende Produktionsstätten oder für die Verlagerung von Aktivitäten. Bekanntlich hat die UN verschiedene Instanzen eingerichtet, die den Entwicklungsländern bei der Industrialisierung behilflich sind. Eines der wichtigsten Instrumente ist die UNIDO (United Nations Industrial Development Organization) in Wien. Ferner stehen aus dem Budget des United Nations Development Programme (UNDP) erhebliche Mittel für die Erarbeitung von Industrialisierungsprojekten für die Entwicklungsländer zur Verfügung, z. Zt. etwa $ 350 Mio pro Jahr.

Mit den Projekten allein ist es aber nicht getan, sondern diese müssen durch den Know-how-Transfer seitens erfahrener Industriefirmen gestützt sein. Eine besondere Rolle spielt dabei auch die Fähigkeit der Partnerfirma, dem Entwicklungsland im Verkauf und Marketing als Partner zur Seite zu stehen.

Eine Reihe von Firmen in der westlichen Welt ist auf bilateraler Basis zu ausgezeichneten Erfolgen gekommen, indem sie Entwicklungsländern ihre Technologie und ihr Know-how zur Verfügung stellen und an Industrialisierungsprojekten in geeigneter Form partizipieren.

Das Entwicklungsland lehnt aber oftmals eine dominierende Rolle der ausländischen Partnerfirma ab, sodaß der Begriff „Technologie-Transfer“ ein heißes Eisen geworden ist.

Multinationale Firmen haben den Vorteil einer fundierten internationalen Erfahrung und sind daher aufgerufen, die genannten Fähigkeiten für den industriellen Aufbau der Entwicklungsländer bereitzustellen. Dies soll hier als Faktum stehen, denn es ist nicht Aufgabe dieses Buches, in die ideologisch gefärbte Diskussion über die „Multis“ einzutreten.

In der Anfangsphase der Industrialisierung scheidet für viele Entwicklungsländer die Hochtechnologie aus. In manchen Fällen werden von der UNIDO anfänglich bewußt arbeitsintensive und relativ einfache Verfahren vorgeschlagen, um z. B. mit den an Ort und Stelle vorhandenen Materialien stabile Gebäude zu errichten, ohne dabei den Bildungsstand der Arbeitskräfte zu überfordern. Der Schwerpunkt der Industrialisierung vieler Entwicklungsländer verlagert sich vorerst auf die „intermediate technology“.

In England wurde vor einigen Jahren eine gleichnamige Non-Profit-Organisation gegründet, die insbesondere in Asien und Afrika zahlreiche Kleinbetriebe aufbaut, die z. B. die Metallverarbeitung nach konventionellen und oft recht einfachen Verfahren aufnehmen, um Einrichtungen für Spitäler, Schulen sowie die verschiedensten Gebrauchsartikel herzustellen.

In den 60er Jahren ist in vielen Grundstoffindustrien der hochindustrialisierten Länder die Mindestgröße einer Produktionseinheit erheblich angewachsen. Dies gilt sowohl für Anlagen zur Erzeugung von Chemierohstoffen oder Kunststoffen wie auch für Hüttenbetriebe zur Erzeugung von Stahl oder Nichteisenmetallen.

Für die Entwicklungsländer eignen sich aber in vielen Fällen kleinere Anlagen, da die Entwicklungsländer vorerst über einen relativ kleinen eigenen Markt verfügen und im Vertrieb neu hinzukommender Produkte innerhalb des Welthandels relativ unerfahren sind.

Es ist daher generell mit der Begünstigung solcher Technologien zu rechnen, bei deren Einsatz auch in kleineren Einheiten wirtschaftlich produziert werden kann. Es gibt solche Verfahren sowohl in der Stahlindustrie – z. B. Direktreduktion von Erzen durch Erdgas und Ministahlwerke – als auch in der Petrochemie und in anderen Grundstoffindustrien.

Wichtig ist daher oft die Erarbeitung eines stufenweisen Vorgehens, d. h. zunächst die Errichtung einer Minimalkapazität, welche dann nach einer Reihe von Jahren weiter ausgebaut werden kann.

Eine Partnerfirma, welche Entwicklungsländern maßgeschneiderte Technologie dieser Art bereitstellen kann, wird somit in der Technologie-Planung der eigenen Firma wie derjenigen des Entwicklungslandes einen vorteilhaften gemeinsamen Nenner finden.

IV. Wo brauchen wir die Technologie-Planung?

Wer das Morgen nicht bedenkt, wird Kummer haben,
bevor das Heute zu Ende geht.

KONFUZIUS

1. Beispiele

Im folgenden sollen zunächst an Hand von Beispielen aktuelle Anwendungen der Technologie-Planung erläutert werden. Die folgenden 30 Fälle wurden von amerikanischen Regierungsinstanzen als Arbeitsbereich für das 1972 gegründete OTA (Office of Technology Assessment) genannt:

- Flugzeuglärm
- Luftverschmutzung allgemein
- Luftverschmutzung durch Automobile
- Gefahren durch Schwermetallemissionen (Blei, Quecksilber, Kadmium etc.)
- Beständige Pestizide
- Wasserverunreinigung
- Verschmutzung der Weltmeere durch Öl
- Standort von Atomkraftwerken
- Atommüll
- Biomedizinische Auswirkungen der Radioaktivität
- Schnelle Brüter
- Nukleare Sprengungen für zivile Zwecke
- Sicherheitsvorkehrungen für Atomkraftwerke
- Unnötige Verschwendung von natürlichen Ressourcen
- Knappheit an Erdgas
- Alaska-Pipeline
- Erdölbohrungen vor der Küste und die damit verbundene Pollution

- Probleme von Ballungszentren der Bevölkerung
- Nahrungsmittelzusätze
- Nachrichtenübertragungssatelliten
- Weltweite Abkühlung oder Erwärmung der Atmosphäre
- Gewinnung von Nahrungsmitteln und/oder Erzen aus dem Meer
- Künstliche Inseln im Meer
- Hochgeschwindigkeitszüge
- Neue Konzepte des vorfabrizierten Bauens
- Ausbau der Nachrichtenübermittlung statt Nahverkehr („wired city")
- Wiedergewinnung („Rezyklierung") von Rohstoffen z. B. aus gebrauchten Verpackungen oder PKW's
- Aufarbeitung armer Erze oder von Ölschiefer
- Kohlevergasung
- Transkontinentales Elektrizitätsnetz

Im folgenden soll stichwortartig auf sechs Beispiele näher eingegangen werden, die sich für die Durchführung einer umfassenden Technologie-Planung anbieten. Bei den einzelnen Beispielen ist jeweils angeführt, in welcher Weise Industrie sowie Öffentlichkeit und Behörden beteiligt sind und wo der Schwerpunkt der Technologie-Planung jeweils liegt.

Automobilabgasentgiftung in USA

Industrie: Seit 1970/71 wurde die einschlägige Forschung und Entwicklung stark gefördert; da noch keine Klarheit über das anzuwendende System herrscht, sind die erforderlichen Investitionen noch ungewiß.

Öffentlichkeit und Behörden: Nach Erlaß schwierig zu erfüllender Vorschriften hat der Verbraucher mit erheblicher Verteuerung und/oder ungünstigerem Fahrverhalten der Autos zu rechnen.

Schwerpunkt der Technologie-Planung (TP): Durch welche Technologien können die geforderten Ziele am ehesten erreicht werden ohne unerwünschte Nebeneffekte?

Überschall-Verkehrsflugzeuge

Industrie: Die notwendige Technologie ist im Prinzip bereits vorhanden (Militärflugzeuge).

Öffentlichkeit und Behörden: Der Vorteil kürzerer Flugzeiten kann nur von einer Minderheit ausgenutzt werden, während die Mehrheit eher negativen Auswirkungen ausgesetzt ist.

Schwerpunkt der TP: Die Bewertung ökologischer und sozialer Faktoren (Klimaveränderung, Lärmbelästigung) ist schwierig, aber notwendig.

Neue Schnellverkehrssysteme / Neue Nahverkehrssysteme

Industrie: Während bei den Schnellverkehrssystemen neue Technologien zu entwickeln sind (z. B. Magnet-Kissen-Schwebetechnik, Linearmotor etc.), sind dic bei den Nahverkehrssystemen zu verwendenden Technologien teilweise bekannt, teilweise aber ebenfalls neu zu entwickeln, z. B. im Bereich der Steuerungstechnik. Der Bau neuer Streckennetze mit entsprechender Infrastruktur erfordert in beiden Fällen sehr hohe Investitionen.

Öffentlichkeit und Behörden: Die erforderlichen umfangreichen Forschungs- und Entwicklungsarbeiten werden zum Teil durch öffentliche Stellen koordiniert und finanziert.

Schwerpunkt der TP: Neben technisch-wirtschaftlichen Untersuchungen ist vor allem eine intensive Ausleuchtung sämtlicher wesentlicher Auswirkungen erforderlich.

Künstliche Inseln in der Nordsee als Erdöltank, zur Stationierung von Raffinerien, Müllverbrennungsanlagen oder Kraftwerken (vorzugsweise Atomkraftwerken)

Industrie: Die benötigten Technologien sind im Prinzip bekannt.

Öffentlichkeit und Behörden: Es wird eine Garantie verlangt, daß keine schädlichen Stoffe ins Meer gelangen.

Schwerpunkt der TP: In erster Linie technische Probleme der Sicherheit. Daneben stellt sich heute schon die Frage nach eventuellen ökologischen oder politisch-sozialen Auswirkungen, falls eine größere Zahl solcher Inseln gebaut würde.

Schwerbrennbare Kunststoffe als Baustoffe

Industrie: Weiterentwicklung schon bestehender und Entwicklung neuer Produkte.

Öffentlichkeit und Behörden: Interesse an Vermeidung schwerwiegender Unfallfolgen bei Bränden, insbesonders in Hotels, Schulen etc.

Schwerpunkt der TP: Ausleuchtung und Bewertung aller Nebenwirkungen, beispielsweise der Entstehung schädlicher Gase im Brandfall, Beurteilung der Rohstoffsituation.

Umweltfreundliche Verpackung

Industrie: Entwicklung entsprechender Packstoffe sowie geeigneter Sammel-, Vernichtungs- oder Rezyklierverfahren.

Öffentlichkeit und Behörden: Interesse an geringerer Verschandelung der Landschaft durch weggeworfene Verpackungen sowie am sparsameren Gebrauch der Rohstoffreserven. Eingreifen der Behörden durch Erlaß entsprechender Verordnungen erforderlich, falls die Entwicklung des Marktes nicht genug Anreiz zur Verwendung umweltfreundlicher Verpackungen bietet.

Schwerpunkt der TP: Vergleich der möglichen Lösungen unter Berücksichtigung des gesamten Systems „Verpackung-verpacktes Gut". Bewertung einer Verpackungsart incl. der möglichen Rezyklierung der leeren Verpackung unter dem Aspekt „wieviel Energie geht pro Einheit verloren".

Wir wenden uns nunmehr einem besonders wichtigen Problemkreis der Technologie-Planung, dem Umweltschutz, zu. Die dort vorliegenden Aufgaben wollen wir eingehender darstellen, denn wie bereits aus den zuvor angeführten Beispielen hervorgeht, taucht als wichtigstes Problem technologischer Planung immer wieder die Umweltfrage auf.

2. Einfluß des Umweltschutzes auf die Entwicklung der Technik

Die ökologische Nische

Der Umweltschutz gehört zur Disziplin der Ökologie, der „Lehre von den Beziehungen der Lebewesen zu ihrer Umwelt". Infolge des zunehmenden Umweltbewußtseins hat die Ökologie in den letzten Jahren die Öffentlichkeit intensiv beschäftigt. Es spricht sogar einiges dafür, daß die Ökologie in den letzten 25 Jahren dieses Jahrhunderts zu einer der wichtigsten Disziplinen überhaupt aufsteigen wird.

Im Rahmen der Archäologie haben die Paläontologen schon seit Jahrzehnten als „ökologische Nische" die Gesamtheit der Umweltbedingungen bezeichnet, welche die Lebensmöglichkeiten bestimmter Tiere, Pflanzen oder auch der Menschen im Verlaufe der Erdgeschichte kennzeichneten.

Die Betrachtung der Entstehung und des Untergangs ökologischer Nischen im Verlauf der Erdgeschichte ist heute wieder aktuell. Wenn bestimmte Lebewesen – etwa die Dinosaurier – ausstarben, so lag das in der Regel daran, daß sich die Bedingungen der ökologischen Nische so verändert hatten, daß sich die relativ hoch spezialisierten Lebewesen den neuen Umweltbedingungen nicht anpassen konnten und somit ausstarben.
Auch die heutige Menschheit lebt in spezifischen ökologischen Nischen, wobei sich aber vielerorts die Umweltbedingungen rapide zu verändern beginnen, so daß man fast versucht ist, einen Vergleich mit den ökologischen Nischen früherer Jahrmillionen zu ziehen. Doch der Mensch ist bezüglich Adaption an unterschiedliche Umweltbedingungen ein vielseitiges Lebewesen. Außerdem stehen ihm neben seinem Intellekt viele Technologien zur Verfügung, um der weiteren Verschlechterung der Umweltbedingungen Einhalt zu gebieten, und es besteht damit ein grundlegender Unterschied zwischen unserer heutigen ökologischen Nische und den früheren. Die prähistorischen Nischen beeinflußten die Entwicklung der Lebewesen, während der homo sapiens zum erstenmal das Privileg hat – aber auch der Gefahr unterliegt –, seine eigene ökologische Nische zum Besseren oder zum Schlechteren hin selbst zu gestalten. Allerdings reichen Intellekt und Technologien noch nicht aus – die Vernunft muß hinzukommen. Der homo sapiens unterliegt häufig der Gefahr, die „Kehrseite der Medaille" zu übersehen: Er ist zu stark auf die leicht erkennbaren Vorteile eines höheren Lebensstandards ausgerichtet und lässt dabei die Langzeitfolgen seines Verhaltens ausser acht, was das Prädikat „sapiens" (klug) in Frage stellt!

Umweltschutz – Erhaltung der ökologischen Nische

Der Umweltschutz umfaßt einen großen Teil des menschlichen Daseins, und dementsprechend sind die Fragen des Umweltschutzes nahezu unbegrenzt. Es beginnt mit dem Begriff Umwelt, der von manchen Leuten sehr weit gefaßt wird, bis hin zum politischen Klima oder den sozialen Verhältnissen. Aber selbst wenn man den Umweltschutz enger faßt und ihn auf meßbare, d. h. biologisch, chemisch oder physikalisch feststellbare Veränderungen in der Umwelt beschränkt, hat man immer noch ein riesiges Gebiet vor sich. Wir beschränken uns darauf, im Folgenden an einigen Beispielen die Dimension der Probleme zu erläutern.

Die wichtigsten Gruppen der meßbaren Umweltbelastung sind:

Pollution von:

1. Luft
2. Wasser
3. Land
4. Lebewesen

durch Auftreten von:

a) gasförmigen, flüssigen oder festen Stoffen
b) Lärm
c) Strahlung
d) Wärme

Man erkennt die verschiedenen Kombinationen zwischen den Medien, die betroffen werden können und den diversen schädlichen Einwirkungen. Hieraus lassen sich bereits die Ansatzpunkte für die notwendigen technischen Entwicklungen bzw.

auch Prioritätslisten herleiten. Beispielsweise ist für den Fall 2d) die zulässige Erwärmung des Rheins und seiner Nebenflüsse seit 1971 in der Schweiz gesetzlich geregelt, was den weiteren Bau großer Kraftwerke mit Flußwasserkühlung an Rhein und Aare in Zukunft unmöglich macht. Aus analogen Gründen müssen auch in der BRD neue und größere Kraftwerkblöcke unter Verzicht auf direkte Flußwasserkühlung gebaut werden. Dies führt dazu, daß Standorte am Meer, neuerdings auch auf künstlichen Inseln, bevorzugt werden.
Als weitere Bereiche der Umweltbelastung sind sodann Belästigungen durch

- störende optische Effekte
- mangelnde Ästhetik
- Informationsflut

aufzuführen, Einflüsse, die in ihrer Wichtigkeit nicht zu unterschätzen sind.
Besonders betroffen von solchen ökologischen Problemen sind folgende Wirtschaftsbereiche:

- Erzgewinnung, Hüttenbetriebe
- Energieerzeugung (inkl. Abwärme)
- Chemische und pharmazeutische Industrie (Hersteller und Verbraucher)
- Verpackungssektor (Hersteller und Verbraucher)
- Verkehrssektor
- Papierindustrie
- Textilveredlung

Für jede zukünftige Planung wird die Großindustrie in Sachen Umweltschutz auf der sicheren Seite bleiben wollen. Dies gilt ganz besonders für Entwicklungsprogramme: In der chemischen Industrie braucht ein neues Produkt im Regelfall einen Aufwand von mindestens 10 – 20 Millionen DM sowie von der Grundlagenforschung bis zur Markteinführung ein Zeitintervall von mindestens 7 – 10 Jahren. Daher wird seitens der Großindustrie kein neues Entwicklungsprogramm mehr lanciert, wenn anzunehmen ist, daß das entstehende Verfahren oder Produkt später umweltmäßig nicht akzeptabel sein könnte.

Verschärfung von Problemen durch Überlagerung

Die zunehmende Bedeutung aller umweltbelastenden Faktoren beruht nicht auf ihrem Wachstum allein, sondern sie wird noch verstärkt durch ihre Wechselwirkungen mit Problemen der Energie- und Rohstoff-Versorgung sowie des Bevölkerungs- und Konsumwachstums.

Dieser „cross-impact" ist in der Abbildung 3 schematisch dargestellt. Im ersten Bild 3a haben wir vier Flächen vor uns. Jede dieser Flächen symbolisiert einen Problemkreis. In den letzten Jahrzehnten sind bekanntlich vielfach Verbrauchssteigerungen in der Größenordnung von 6 – 8% pro Jahr aufgetreten, d. h. Verdoppelung des Konsums in etwa zehn Jahren. Daher sind alle Problemkreise bis zum Jahr 1973 in industriell entwickelten Ländern stets gewachsen, teilweise sogar „krebsartig" (Zuwachs des Energieverbrauchs z. B. in Japan von 1960 – 1973 durchschnittlich 12% pro Jahr, d. h. Vervierfachung des Verbrauchs in zwölf Jahren, allerdings von relativ niedrigen Ausgangswerten ausgehend). Betrachten wir die gleiche Problemstellung einer Wachstumsrate von sieben Prozent zehn Jahre später, so sehen wir in 3b, daß die Problemkreise bereits beginnen, sich zu überschneiden.

Ein konkretes Beispiel für eine solche Überschneidung ist der 1973 erfolgte Erlaß des ehemaligen Präsident Nixon, in den USA die Verschärfung der Umweltschutzgesetzgebung zunächst auszusetzen, um damit der Energiekrise entgegenzuwirken. Man

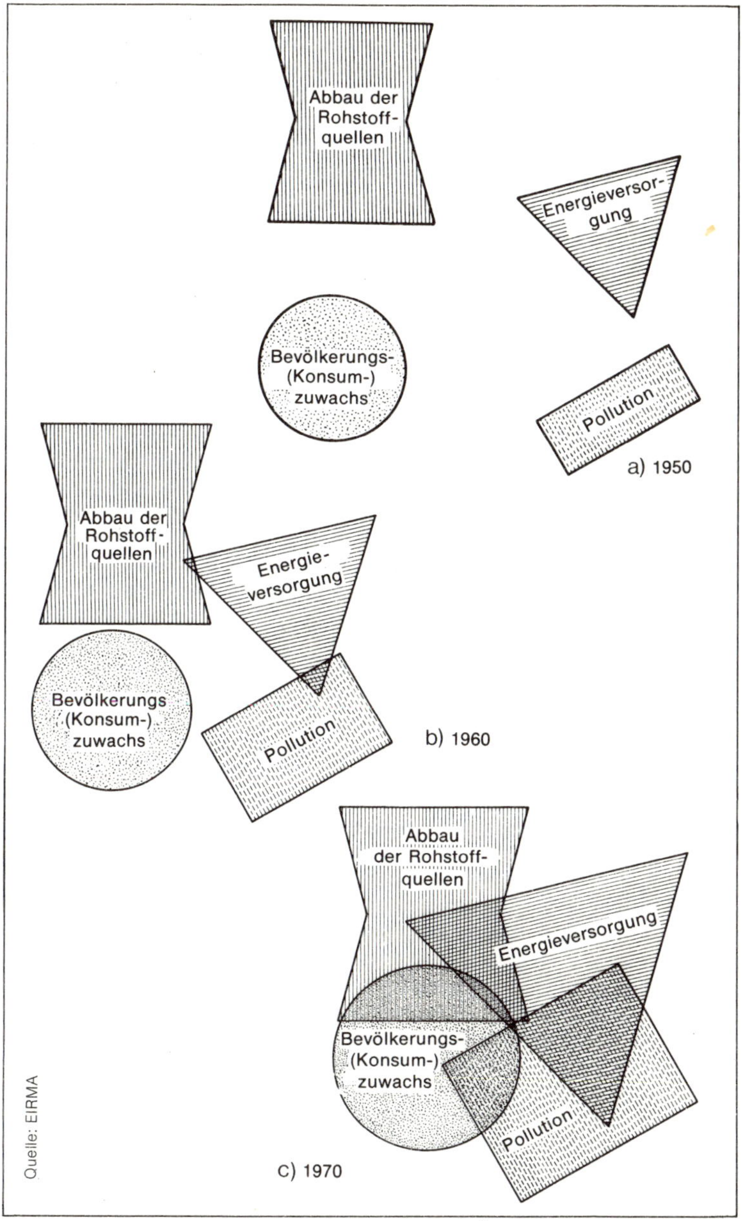

Abb. 3 Verschärfung von Problemen durch Überlagerung

nimmt dort also eine höhere Umweltbelastung, z. B. höhere SO_2-Emission durch die Verwendung schwefelhaltiger Kohle zu Gunsten einer erleichterten Energieerzeugung in Kauf.
Fährt man nun fort, in den nächsten zehn Jahren wiederum den Verbrauch zu verdoppeln, so sehen wir in 3c, daß der „cross-impact“ bereits ganz erheblich wird, d. h. die vier genannten Problemkreise beginnen sich zu einem großen Teil gegenseitig zu überdecken. Würde man fortfahren, alle zehn Jahre in einem gegebenen, eng besiedelten Marktbereich den Konsum zu verdoppeln, so kann man sich leicht vorstellen, daß man in eine immer größere Rückkoppelung der Probleme gerät, mit entsprechender Erschwerung der Lösungsmöglichkeiten. Zur Lösung eines einzelnen Problems müssen sämtliche anderen beteiligten Faktoren ebenfalls berücksichtigt werden.

Die ökologische Schraube

Ökologische Probleme werden zunehmend wichtiger genommen. Man ist versucht, an die mittelalterliche Daumenschraube zu denken. In Abb. 4 wird daher versucht, den mit der Zeit zunehmenden Druck in Sachen Umweltschutz in Form einer Schraube darzustellen, wobei die sich erweiternden Schraubenwindungen die größer werdende Breitenwirkung versinnbildlichen sollen.
Viele Entwicklungen folgen diesem Schema und die Industrie wäre gut beraten, sich frühzeitig mit den ersten Umdrehungen der ökologischen Schraube vertraut zu machen und mögliche Lösungen ins Auge zu fassen, um nicht vom starken Druck der Öffentlichkeit oder schwer erfüllbaren Vorschriften überrascht zu werden. Es lohnt sich, der Frage nachzugehen, ob diese Schraube sich auch rückwärts drehen kann. In USA hört man bei unterrichteten Fachleuten in Washington die Ansicht, der Konsument würde nach wenigen Jahren eine Abschwächung

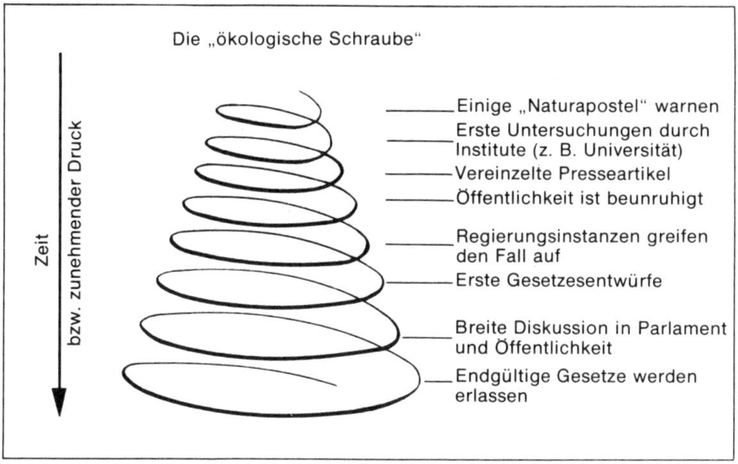

Abb. 4 Die „ökologische Schraube“

der strengen Gesetze über Automobilabgase verlangen, wenn er erst die erheblich höheren Kosten der „sauberen“ Autos in Anschaffung und Betrieb am eigenen Leibe verspürt, oder ein Zweitauto extrem besteuert wird. Die bereits in den meisten Bundesstaaten bewilligte Verzögerung der Inkraftsetzung der letztlich angestrebten, strengsten Abgasvorschriften stellt in diesem Sinne bereits ein Anhalten der ökologischen Schraube dar. Sodann bedeutet die zuvor erwähnte temporäre Lockerung der Vorschriften über Emissionsbegrenzung von Kraftwerken ein zeitweiliges Zurückdrehen der ökologischen Schraube.

Erhaltung der natürlichen Kreisläufe

In vielen Fällen ist die Lösung industrieller Umweltprobleme in der Einführung verbesserter Technologien zu suchen. Die Aufgabenstellung wird oftmals sein, den heute unterbrochenen natürlichen Zyklus im Bereich der Rohstoffe in hinlänglichem Ausmaß wiederherzustellen, ohne aber dabei den Komfort, an den wir uns gewöhnt haben, aufzugeben.

Es gibt viele Beispiele für durchbrochene, natürliche Zyklen, nicht nur in der Landwirtschaft (künstliche Dünger, Pestizide), sondern auch in der „Einbahnstraße", welche fast alle Gegenstände des täglichen Gebrauchs heute durchlaufen. Ganz besonders ist außerdem der natürliche Kreislauf des Wassers heute in allen stark besiedelten oder industrialisierten Gegenden der Erde in schwerster Weise geschädigt.

Um den natürlichen Kreislauf wieder herzustellen, müssen neue Verfahren entwickelt werden, die der Produktionstechnik eine Rückgewinnungstechnik gleichwertig gegenüberstellen. Letztere bewirkt in vielen Fällen einen Rücklauf („Rezyklierung") von Material und Energie, d. h. ein Wiedereinschleusen von bisherigen Abfallstoffen in den Produktionsprozeß.

Dies ist umso wichtiger, als gleich mehrere Gründe für die rasche Entwicklung und Einführung von Rückgewinnungsverfahren und Rezykliersystemen sprechen:

- Verbesserter Umweltschutz durch Herstellung natürlicher oder künstlicher Kreisläufe
- Senkung des nicht notwendigen Verbrauchs an Rohstoffen und Energie
- Verbesserte Wirtschaftlichkeit

Grundbegriffe des Umweltschutzes

Emission

Im Sektor Umweltschutz bezeichnet man als Emission die Freisetzung meist schädlicher, gasförmiger, fester oder flüssiger Substanzen in die Umwelt oder auch von Lärm, Licht und Vibrationen. Die Emissionsquelle kann stationär sein, also beispielsweise eine Industrieanlage, oder aber auch mobil, wie im Falle von Verkehrsmitteln. Emissionsangaben können sich auf die Zeiteinheit beziehen.

Beispiel: die gesamte Staubmenge, die eine Industrieanlage pro Tag ausstößt.

Daneben wird die Emission oft auch pro Einheit des Erzeugnisses angegeben, bei dessen Herstellung sie auftritt, d. h. z. B. in Kilogramm Staub pro Tonne Zement oder auch in Gramm Kohlenmonoxid pro gefahrenen Kilometer.

Immission

Als Immission bezeichnet man die effektiv auftretende Umweltbelastung, also beispielsweise die pro Flächeneinheit niedergeschlagene oder auch die pro Lebewesen aufgenommene Staubmenge. Immissionen sind oft schwierig zu messen, so daß die Gesetzgebung vorzugsweise Emissionen festlegt, obwohl die eigentliche Umweltbelastung durch die Immissionswerte dargestellt wird. In Abb. 5 wird an einem Beispiel erläutert, daß infolge des Verdünnungseffektes durch höhere Abgaskamine die Immission bei gleichbleibender Emission erheblich verringert werden kann.

Die Aufnahme von Schadstoffen durch Lebewesen gehört zum Problemkreis der Immission. Die zugeordneten Emissionsquellen können sehr unterschiedlich sein. Wichtige Beispiele sind

Abb. 5 Emissionen und Immissionen. Bei höherem Abgaskamin und gleichbleibender Emission (E) sinken die Immissionswerte (I) beträchtlich, – Verdünnungseffekt

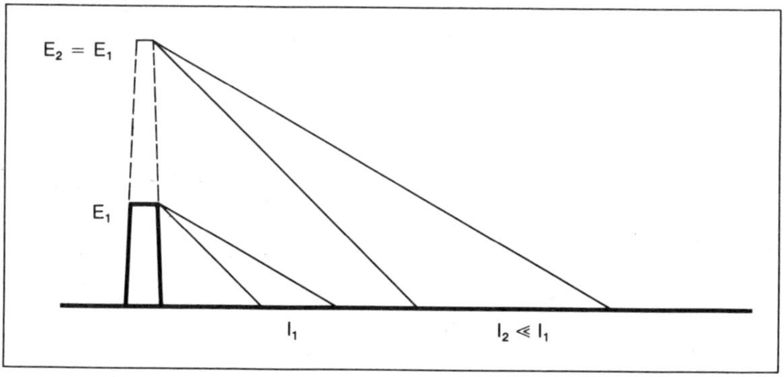

Schwermetallspuren, Pestizide oder Lebensmittelzusätze. Hierzu werden wir anschließend einige Ausführungen machen.

Arbeitsplatzhygiene

Für Öffentlichkeit und Gesetzgeber dominierten unter den unerwünschten Auswirkungen industrieller Tätigkeit in den letzten Jahren die Emissionen schädlicher Substanzen oder von Lärm in die Umwelt.

Neuerdings beginnt aber in Industrieländern der westlichen Welt die Arbeitsplatzhygiene einen rasch zunehmenden Stellenwert zu erlangen. In USA z. B. wurde durch die zuständigen Regierungsinstanzen OSHA (=Occupational Safety & Health Administration) und NIOSH (=National Institute of Safety & Health) eine Liste von 400 schädlichen Substanzen aufgestellt, die alle für die menschliche Gesundheit nachweislich oder vermutlich stark schädlichen Substanzen, welche an Arbeitsplätzen vorkommen, umfaßt. Bereits Mitte 1976 sollen für die Mehrzahl dieser Stoffe sogenannte „Mini-Standards" Gesetzeskraft erlangen. Allerdings ist teilweise mit langwierigen Abklärungen durch Anrufung gerichtlicher Instanzen zu rechnen.

Als „Mini-Standard" bezeichnet man vorläufige, aber trotzdem verbindliche Richtwerte, wobei die endgültigen medizinischen Auswirkungen oftmals noch nicht völlig geklärt sind, da dies oft lange Jahre benötigt.

Die amerikanischen Standards werden auch in europäischen Industrieländern ihren Niederschlag finden, wo ohnehin schon analoge Bemühungen im Gange sind, wie z. B. die in der Bundesrepublik bereits seit Jahren festgelegten maximalen Arbeitsplatzkonzentrationen (MAK-Werte) zeigen.

Die teilweise extrem strengen Vorschriften in Sachen Arbeitsplatzhygiene, welche Mitte der siebziger Jahre in den USA festzustellen sind, konfrontieren zuständige Behörden wie auch die Industrie mit einer Reihe äußerst schwieriger Fragen. Beispielsweise wurde in USA eine Anzahl von Leberkrebserkrankungen

bei Arbeitern festgestellt, die regelmäßig mit Vinyl-Chlorid, einem Vorprodukt bei der Herstellung von PVC, einem der wichtigsten Massenkunststoffe, in Kontakt kamen. Einerseits wurde festgestellt, daß sich diese Fälle auf veraltete Anlagen mit besonders ungünstigen Arbeitsbedingungen beschränkten, andererseits wurde aber eine extrem tiefe zulässige Konzentration als provisorischer Mini-Standard festgelegt. Dabei ist aber die Anamnese, d. h. die medizinische Vorgeschichte der beklagenswerten Opfer von Vinyl-Chlorid-Inhalation, keineswegs klar; und falls man endgültig so extrem tiefe Grenzwerte festsetzt, könnte dies der Herstellung und Verarbeitung von PVC in einer ganzen Reihe von Fällen Schwierigkeiten bereiten.
Wir haben diesen Fall darum etwas eingehender behandelt, weil hier eine Diskussion in Gang gekommen ist, die auch eine breitere Öffentlichkeit erfaßt hat und die klar zeigt, wie schwierig es ist, am Arbeitsplatz auf Pollution Null zu gelangen, ohne weitreichende Konsequenzen für die Wirtschaft heraufzubeschwören. Jedenfalls wird es noch vieler Jahre intensiver Diskussionen und auch eines intensiven Tauziehens bedürfen, bis die wirklich notwendigen strengeren Standards der Arbeitsplatzhygiene auch in europäischen Ländern klar definiert und durchgeführt sind. Erkenntnisse, daß bestimmte Substanzen, denen der arbeitende Mensch ausgesetzt ist, seiner Gesundheit einen entscheidenden Schaden zufügen, pflegen heutzutage ohnehin rasch internationale Konsequenzen zu haben.
Das Weltgesundheitsamt und das Internationale Arbeitsamt (ILO) in Genf haben in den letzten Jahren in einer Reihe von Publikationen die verschiedenen Gefahren für die menschliche Gesundheit, die am Arbeitsplatz, aber auch im Haushalt auftreten können, dargestellt. Hierzu gehört eine Vielzahl verschiedener Substanzen. In Industrieländern wie USA und Japan sind die zulässigen Konzentrationen am Arbeitsplatz von Schwermetall wie Quecksilber, Blei oder Kadmium und deren Verbindungen sowie eine ganze Familie organischer Substan-

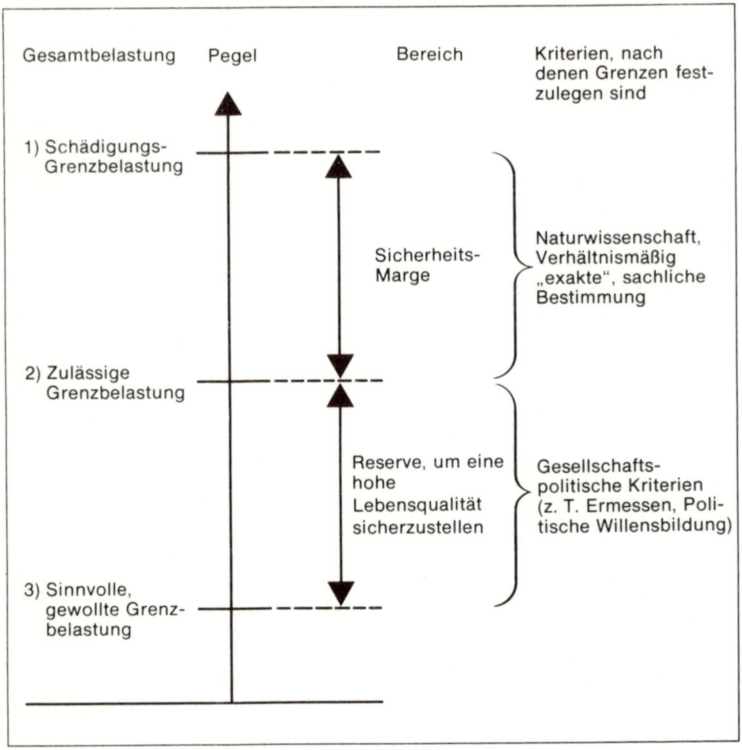

Abb. 6 Belastungsskala Quelle: H. U. Scherrer

zen auf winzigste Werte zurückgeschnitten worden, teilweise sogar auf die Konzentration Null. Auch Lösungsmitteldämpfe, wie sie an vielen Arbeitsplätzen, aber auch beim Hobbylackieren auftreten, werden immer mehr als unzulässig erklärt oder sogar verboten, so daß z. B. wasseremulgierte Lacke und Farben Anwendung finden müssen.

Die zulässige Konzentration in der Luft des Arbeitsplatzes ist sehr eng mit den zulässigen Emissionen der betreffenden Industrieanlagen verknüpft. Maßnahmen zur Emissionskontrolle, wie beispielsweise die Verwendung geschlossener Systeme, können daher gleichzeitig auch Probleme der Arbeitsplatzhy-

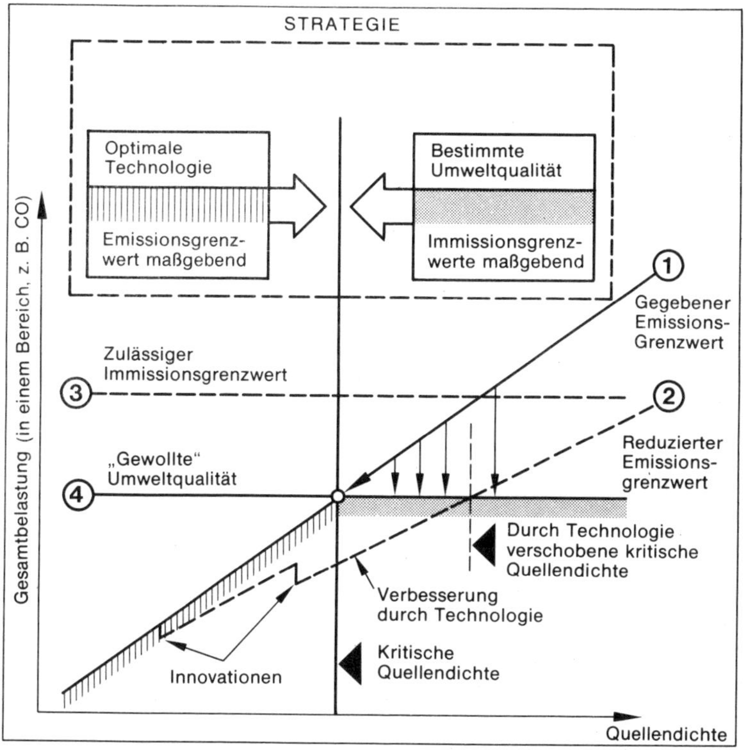

Abb. 7 Grundprinzipien einer Umweltstrategie Quelle: H. U. Scherrer

giene lösen und ergeben schließlich noch die Möglichkeit, die eingesetzten Roh- oder Hilfsstoffe zu rezyklieren, d. h. wiederzuverwenden.

Belastungsgrenzen

In Abb. 6 ist eine Belastungsskala nach H.U. Scherrer angegeben. Diese Belastungsskala trifft am ehesten auf Immissionen oder maximal zulässige Arbeitsplatzkonzentrationen zu. Man erkennt, daß zwischen einer Umweltbelastung, bei der eine deutliche Schädigung nachgewiesen werden kann, der zulässigen Grenzbelastung sowie einer von der Öffentlichkeit vielfach an-

gestrebten, nicht mehr merklichen Belastung ein ziemlich breiter Spielraum für das Kräftespiel im Dreieck Öffentlichkeit – Regierung – Industrie besteht.
Eine kurze Übersicht über die Grundprinzipien einer Umweltstrategie zeigt Abb. 7, die allgemein gültig sein dürfte. Man erkennt, daß die Gesamtbelastung aufgrund von schädlichen Immissionen sowohl durch die Quellendichte, also beispielsweise die Anzahl der Automobile pro Quadratkilometer, als auch durch die Emission pro Einheit, also pro Automobil, beeinflußt wird. An sich ist es selbstverständlich, daß man die Gesamtbelastung der Umwelt in diesem Falle entweder durch die Einführung verbesserter Autos mit geringeren Emissionen oder die Verringerung der Anzahl der insgesamt emittierenden Einheiten (= Autos) verringern kann.
Die gestrichelte Linie 2 kennzeichnet die durch verbesserte Technologie erzielbare Verringerung der Gesamtbelastung. Hat man also beispielsweise einen erheblich saubereren Automobilmotor, kann man auch die zulässige Quellendichte, d. h. die Anzahl von Automobilen, wieder erhöhen, bei Einhaltung der gewollten Umweltqualität.
Trotzdem zeigt die Abbildung, daß eine Technologie, bei der noch eine merkliche Emission auftritt, nur eine aufschiebende Wirkung hat, solange die Anzahl der emittierenden Quellen weiterhin stetig ansteigt. In diesem Sinne zeigt diese Abbildung, daß ein stetig fortschreitendes Wachstum der Quellendichte das eigentliche Krebsübel ist, welches durch Verbesserung der Technologie nur bis zu einem gewissen Ausmaß gemildert werden kann.
Sehr deutlich zeigt sich somit in diesem Bild der wesentliche Unterschied zwischen einer Umweltstrategie, die nur daraufhin zielt, Emissionsgrenzwerte beispielsweise pro Auto oder pro Industrieanlage festzulegen, und einer Strategie, die auf tolerierbare Immissionswerte insgesamt hinarbeitet.

Was kostet der Umweltschutz?

Es gibt verschiedene Arten der Darstellung der Kosten, die der Umweltschutz verursacht. Einerseits kann man für eine Volkswirtschaft feststellen, wieviel Prozent des nationalen Einkommens oder aber der gesamten Investitionen der Industrie auf den Umweltschutz entfallen müssen, um eine angestrebte Umweltqualität zu erreichen. Tabelle 1 gibt hierzu einige Schätzungen der OECD wieder. Andererseits hat man auch untersucht, wie sich die notwendigen Umweltschutzmaßnahmen auf einzelne Wirtschaftsbereiche auswirken. Insbesondere in USA sind eine Vielzahl von Studien durchgeführt worden, welche in einem Artikel mit der Überschrift „The modest price of purging pollution" resümiert werden, aus welchem in Tabelle 2 einige Resultate dargestellt sind.

Ähnliche Untersuchungen führten für die Bundesrepublik Deutschland zu den in Tabelle 3 dargestellten Ergebnissen, die insbesondere zeigen, daß auch die öffentliche Hand sich maßgeblich an den Aufwendungen zum Schutze der Umwelt beteiligen muß.

In USA ist man zum Schluß gekommen, daß bei sinnvoller Aufteilung der Anstrengungen zur Verbesserung der Umweltqualität über etwa zwei Jahrzehnte die notwendigen Aufwendungen

Tabelle 1.
Umweltschutzaufwendungen in Prozent des Bruttosozialproduktes 1971 - 1975

Bundesrepublik Deutschland	1,8
Italien	0,4
Japan	2,2
Niederlande	1,0 – 1,5
Schweden	0,7
USA *)	2,2

*) 1971 – 1980

(Quelle: OECD 1973)

Tabelle 2: Schätzung der Auswirkungen von Umweltschutzmaßnahmen auf verschiedene Wirtschaftsbereiche der USA (Kostenbasis 1972)

Industriesektor	Investitionen** 1972 – 1976 Millionen $	Jährliche Kosten ** 1976 Millionen $	Fabrikschließungen infolge Umweltschutzauflagen	Verringerung der Arbeitsplätze bis 1976	Preisanstieg 1976
Energieerzeugung	17 800	2 500	keine	keine	7%
Papiererzeugung	3 300	$ 5.50–21.50 per to	60–65	16,000	3,5 bis 10%
Ölraffinerien	634–1155	129	12	1,000	1,4%
Aluminium-Hütten*	935	290	keine	keine	5% bis 8%
Eisengießereien	348	125	400 (bis 1980)	8,000 (bis 1980)	1,7 bis 5%
Kupfer-Hütten	341	95	2	1,150	0 bis 8%
Zementindustrie	122	43	25	?	4 bis 5%
Lederindustrie	89	10,7	?	600	1 bis 2%

* incl. Tonerdewerken

** Angaben betreffen weitgehend bestehende ältere Betriebe. Für Neuanlagen liegen die Aufwendungen für Umweltschutz meist auf niedrigerem Niveau.

Quelle: Council of Environmental Quality, Department of Commerce and EPA, 1972

Tabelle 3. Nettoinvestitionen und korrespondierende Betriebskosten 1971 bis 1975 zum Schutze der Umwelt in der BRD, gegliedert nach Wirtschaftsbereichen (Schätzung)

Wirtschaftsbereich	Investitionen 1971 bis 1975 (in Milliarden DM, Preise von 1970)	Betriebskosten 1971 bis 1975 (in Milliarden DM, Preise von 1970)
Montanindustrie	2,1	> 0,3
Energiewirtschaft	0,5	–
Steine, Erden, Glas, Keramik	0,3	0,3
Chemische Industrie (im weiteren Sinne)	6,8	1,3
Übrige Industrie	1,0	0,2
Baugewerbe	0,1	–
Individualverkehr	1,1	–
Öffentliche Haushalte	15,3	3,6
Sonstige Bereiche	0,6	0,2
Global geschätzt	0,2	2,1
Insgesamt	28,0	8,0

Quelle: Umweltprogramm der Bundesregierung, zitiert in UMWELT 3/1974

für den Umweltschutz in einem Rahmen bleiben, der für die Volkswirtschaft durchaus tragbar ist. Im übrigen entsteht durch die benötigten neuen Verfahren und Anlagen für den Umweltschutz ein neuer Markt, der recht erheblich ist und somit auch einen zusätzlichen volkswirtschaftlichen Nutzen aufweist.

Die Industrie im Spannungsfeld zwischen Ökonomie und Ökologie

Das Streben der Industrie nach wirtschaftlichem Erfolg scheint oftmals dem Anliegen des Umweltschutzes zu widersprechen. Für eine Industriefirma kann der Aufwand für den Umweltschutz teilweise empfindlich in die Erfolgsrechnung des Unter-

nehmens eingreifen. Es ist zu unterscheiden zwischen den Aufwendungen für Investitionen und den Betriebskosten. Wenn ein neuer Chemiebetrieb oder eine neue Metallhütte errichtet wird, so sind die Investititionskosten für eine umweltkonforme Ausführung oftmals etwa 5 bis 20% höher als für die bisher als modern geltenden Anlagen. Die laufenden Betriebskosten müssen aber nicht 5 bis 20% höher sein, sondern hier kommt oftmals zum Tragen, daß rezyklierte Abfallstoffe einen merklichen Wert aufweisen. Außerdem sind die Kapitalkosten stets nur ein gewisser Bruchteil der gesamten Fertigungskosten. Daher kann man generell sagen, daß die Kosten für umweltkonforme Produktion oftmals in der Größenordnung 1 – 5% höher liegen als die für eine „unsaubere" Produktion.
Allerdings gibt es hier sehr starke Abweichungen nach oben und unten, die fallweise auftreten können.
Spezifische Beispiele für den Konflikt zwischen Wirtschaftlichkeit und Schutz der Umwelt lassen sich ohne Schwierigkeiten in großer Zahl nennen:

- Die Entschwefelung von Abgasen aus öl- oder kohlebeheizten Kraftwerken ist heute nach verschiedenen Verfahren technisch möglich, bedingt jedoch zusätzliche Kosten in der Größenordnung von ca. 0,3 – 1,1 Pfg. je Kilowattstunde, oder Kostensteigerungen um 10–20%. Vor allem diese zusätzlichen Kosten dürften bisher eine allgemeine Anwendung der Entschwefelung verhindert haben.
- In den USA müssen innerhalb weniger Jahre die Abgasemissionen von Automobilen auf einen Zehntel reduziert werden. Die Folge sind nicht nur teure Motoren, sondern auch ein um rund 30% höherer Benzinverbrauch. Dieser höhere Verbrauch widerspricht nun nicht nur dem Wirtschaftlichkeitsstreben, sondern auch – angesichts der Erdölkrise – dem Gebot des Energiesparens. Die Einhaltung der von der EPA* geforderten Werte wurde daher bereits um 2 Jahre verschoben.

Ähnliche Probleme stellen sich natürlich auch in europäischen Ländern, wenn auch im allgemeinen nicht in so überspitzter Form wie oftmals in den USA.

- Die Verwendung großer Mengen von Dünger in der Landwirtschaft ermöglicht es zwar, hohe Erträge zu erzielen, sie bedeutet jedoch gleichzeitig eine Belastung der Umwelt, z. B. durch Ausschwemmung von Nitraten oder Phosphaten, die zur Überdüngung von Flüssen und Seen führen kann.
- In den USA befinden sich große Lager schwefelarmer Kohle relativ nahe an der Oberfläche und können im Tagbau, dem sogenannten strip-mining, ausgebeutet werden. Aus Gründen des Landschaftsschutzes, noch mehr aber um schwere Schäden durch Erosion und Auswaschung von Mineralien zu verhindern, muß die weggeräumte Erdschicht wieder bepflanzt werden.

Falls diese Rekultivierung überhaupt möglich ist – es muß genügend Wasser vorhanden sein – bringt sie eine deutliche Steigerung der Förderkosten mit sich (rund 60%) und verhindert daher oftmals eine wirtschaftliche Ausbeutung dieser Kohlelager. Noch mehr Einfluß gewinnt dieses Problem der Rekultivierung im Falle des Abbaus von Ölschiefer: Das abzulagernde Gestein hat nach Ablauf der bei hoher Temperatur durchgeführten Extraktion des Öls („retorting“ in speziellen Öfen) ein größeres Volumen als das ursprünglich abgebaute und kann außerdem nur mit großen Schwierigkeiten wieder bepflanzt werden, da im Gebiet der Ölschiefervorkommen in der Regel Wassermangel herrscht.
Auch in der Bundesrepublik sind die Probleme der Rekultivierung der Landschaft nach dem Tagebau von Braunkohle bekannt, und Technologien zur umfassenden Rekultivierung wurden entwickelt und werden auch angewandt. Die Probleme sind hier allerdings weniger drastisch als beispielsweise im Fall des

*) Environmental Protection Agency

Ölschieferabbaus, da meist günstigere Voraussetzungen hinsichtlich Bewässerung gegeben sind.

In den bisher angeführten Beispielen scheinen offensichtlich die Forderungen des Umweltschutzes dem Gesichtspunkt der Wirtschaftlichkeit zu widersprechen. Im Gegensatz dazu gibt es aber auch Fälle, in denen diese beiden Forderungen durchaus übereinstimmen:

- Das Rezyklieren von Lösungsmitteldämpfen in lösungsmittelverarbeitenden Betrieben anstelle des Abblasens schützt nicht nur die Umwelt, sondern kann zugleich auch wirtschaftlich sein durch Verringerung des gesamten Lösungsmittelbedarfes. Ähnliches gilt für die Wiederaufbereitung von Schmierölen.
- Das Rezyklieren von Aluminiumdosen in großen Mengen lohnt sich in USA sowohl für die Hausfrau, die die leeren Dosen zur Sammelstelle bringt, wie auch für die Aluminiumindustrie. Auf diese Weise werden außerdem Rohstoffreserven und Energie gespart, da zum Wiedereinschmelzen von Aluminium nur ca. 5% der zur ursprünglichen Herstellung benötigten Energie erforderlich sind.
- Die Rückgewinnung von Abwärme zur Reduzierung des Energiebedarfes wird bereits seit langem, beispielsweise in der Stahlindustrie oder auch bei industriellen Feuerungen, durch sogenannte Winderhitzer oder Wärmerekuperatoren praktiziert. Nicht zuletzt aufgrund der drastisch gestiegenen Energiepreise besinnt man sich dieses Prinzips nunmehr vermehrt auch in anderen Anwendungen wie z. B. Klimaanlagen und Raumheizungen. Man erfüllt auf diese Weise sowohl die Forderungen der Wirtschaftlichkeit durch verringerten Brennstoffbedarf wie auch der Ökologie durch verbesserte Ausnützung der limitierten Brennstoffressourcen.

Worin liegt nun der Unterschied der beiden hier aufgeführten Kategorien von Beispielen? Bei den zuletzt beschriebenen Fällen handelt es sich um überschaubare Systeme, bei denen die Umweltschutzmaßnahmen eine direkte Rückwirkung auf die ursprüngliche Technologie ausüben.
Im Gegensatz dazu ist bei den zuerst aufgeführten Beispielen eine solche augenfällige, direkte Rückwirkung nicht vorhanden. Die Betrachtung und insbesondere die Kostenrechnungen beschränken sich hier auf Teilaspekte eines viel komplexeren Systems, unter Außerachtlassung der gesamten Umwelt. Sobald man in diesen Kostenrechnungen nicht nur die direkt entstehenden Investitions- und Betriebskosten berücksichtigt (interne Kosten), sondern auch indirekte oder externe Kosten, die sogenannten „social costs", die auch die Kosten der Umweltbelastung enthalten, verschwindet sehr bald der Widerspruch zwischen den ökologischen und ökonomischen Zielsetzungen.
Ein konkretes Beispiel für solche „social costs" sind die Umweltkosten des Straßenverkehrs. Nach einer vom VDI durchgeführten Untersuchung kostet es z. B. in Köln rund DM 1.600.- pro Auto, um Autolärm und Autoabgase wieder auf zumutbare Werte zu verringern – sowohl durch passive Schutzmaßnahmen (z. B. Lärmschutzfenster an den Wohnungen), als auch durch aktive lärm- und abgasmindernde Maßnahmen am Kraftfahrzeug. Ein anderes Beispiel sind die Kosten zur Sanierung des Rheins, die von den Anliegerstaaten gemeinsam übernommen werden müssen.

„Social audit" und das Verursacherprinzip

Bisher sind solche Kosten allerdings noch kaum in den Wirtschaftlichkeitsrechnungen von Industrieunternehmen zu finden.

Es gibt jedoch bereits erste Ansätze hierzu in Form von sogenannten Sozialbilanzen (social audit), auf die wir später noch eingehen werden.
In die gleiche Richtung tendieren die Bemühungen zur Einführung des Verursacherprinzips. Nach einer Definition der Deutschen Bundesregierung bedeutet dieses die Einbeziehung der Kosten zur Vermeidung, Beseitigung und zum Ausgleich von Umweltbelastungen in die Kostenrechnung der Betriebe, auch soweit diese Kosten bisher nicht ohnehin vom Verursacher getragen werden. Auf diese Weise können wirksame finanzielle Belastungen, aber auch Anreize geschaffen werden, damit die Umweltbelastungen langfristig auf ein Maß reduziert werden, das keine Gefährdung von Menschen, Tieren, Pflanzen und Sachen mehr bewirkt. Dieser Idealzustand wird aber wohl noch für einige Zeit ein frommer Wunsch bleiben, da die Realitäten einer funktionierenden Volkswirtschaft sowie die Schwierigkeit der Erfassung und Internalisierung aller extern verursachten Kosten zu beachten sind.
Die Ermittlung und vor allem die quantitative Bewertung der durch die Umweltbelastungen entstehenden Kosten sowie ihre individuelle Zurechnung auf die Verursacher bereitet zunächst einmal erhebliche Schwierigkeiten und ist nur begrenzt möglich. Wie soll man beispielsweise die Zerstörung eines Erholungsgebietes, die Verminderung der Wohnqualität durch Lärm und/ oder Verkehrsemissionen oder gar die Beeinträchtigung des Individualitätsempfindens eines Fließbandarbeiters quantitativ bewerten? Zur Vereinfachung dieser Bewertung geht man daher oftmals von den Kosten aus, die eine Beseitigung oder besser Vermeidung der Umweltbelastung erfordert. Für eine zumindest teilweise Durchsetzung des Verursacherprinzips bieten sich folgende Instrumente an:

- Verfahrensnormen, z. B. Emissionsnormen, Bauartnormen oder Betriebsnormen

- Produktnormen, die z. B. bestimmte Eigenschaften und Merkmale eines Produktes festlegen
- Einzelanordnungen und Verbote
- Abgaben
- Prämien, Steuerbegünstigungen

In vielen Einzelbereichen der Wirtschaft bestehen bereits erste Normen oder Vorschriften in dieser Richtung und weitere werden folgen.
Bei der Festlegung solcher Richtlinien ist besonderer Wert auf eine gute Zusammenarbeit und Abstimmung mit anderen Ländern zu legen. Andernfalls wären erhebliche Marktverzerrungen mit weitreichenden Auswirkungen auf die Wirtschaft die unausbleibliche Folge. Bis zu einer international weitverbreiteten Anwendung des Verursacherprinzips dürfte jedoch noch eine lange Zeit vergehen.

Chemie und Umwelt

Als erste hat Rachel Carson im Jahr 1962 mit ihrem aufsehenerregenden Buch „Der stumme Frühling" die Öffentlichkeit auf die verhängnisvollen Auswirkungen chemischer Produkte auf eine Vielzahl von Lebewesen hingewiesen. Das Buch konzentrierte sich auf Pflanzenschutzmittel, auch Pestizide genannt, die schwerwiegende Eingriffe in den Haushalt der Natur darstellen. Das bekannteste dieser Mittel ist das DDT, dessen Wirkungsweise mit der eines Schrotschusses verglichen werden kann: Außer den schädlichen Insekten werden gleichzeitig auch nützliche Lebewesen geschädigt. Hierbei kann sich eine verhängnisvolle Anreicherungskette bilden, wie in Abb. 8 erläutert wird. Inzwischen ist in den USA und in den meisten westeuropäischen Ländern die Verwendung von DDT und ähnlichen Präparaten weitgehend eingeschränkt und teilweise ganz verboten worden, während man in malariagefährdeten, tropi-

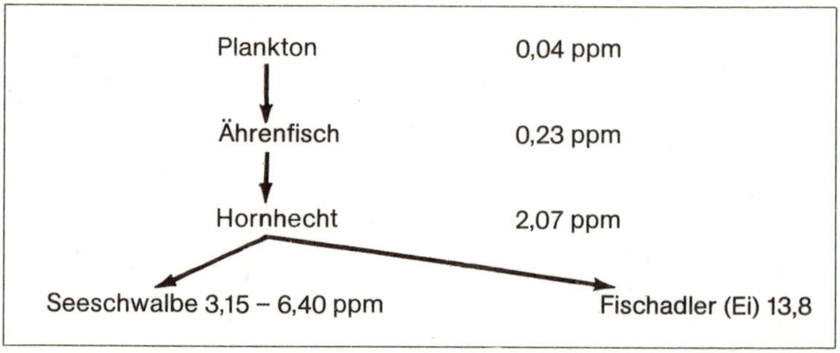

(nach Umwelt 2000)

Abb. 8 Vom Plankton zum Wasservogel
Beispiel für die Anreicherung von DDT in der Nahrungskette

schen Gebieten vorerst noch nicht auf das DDT verzichten kann, da sonst durch Mücken oder andere Insekten übertragene Krankheiten wieder rasch zunehmen würden. Außerdem weist das DDT im Vergleich zu Nachfolgeprodukten eine wesentlich geringere akute Toxität auf und ist dadurch in technisch nicht entwickelten Ländern sicherer anzuwenden.

Andererseits hat man aber inzwischen erkannt, daß eine Reihe von Tieren, insbesondere von Vögeln, durch zu hohe DDT-Anreicherung auszusterben drohen. Es ist auch zu befürchten, daß schließlich die menschliche Gesundheit durch bereits feststellbare DDT-Anreicherungen, z. B. in der Muttermilch, in Mitleidenschaft gezogen wird. Hierfür fehlen zwar noch definitive Beweise, aber gerade dies führt zur Kernfrage der Schädigung durch chemische Verbindungen: Man muß hier mit unbemerkten, kumulativen Effekten rechnen, die zu gesundheitlichen Schäden führen, ohne daß die Betroffenen es wissen. Das klassische Beispiel sind Bleivergiftungen im alten Rom, von denen man annimmt, daß sie über einige Generationen hinweg auftraten, ohne daß die betroffenen Patrizierfamilien wußten, woher ihre Kinderlosigkeit oder ihre sonstigen gesundheitlichen Schäden überhaupt kamen. Man sieht, daß der vollaufgeklärte Pessimist (Seite 76) gar nicht so unrecht hat.

Flußwasser	spurenhafte Radioaktivität	
Plankton	Anreicherungsfaktor	2 000
Fische	Anreicherungsfaktor	15 000
Enten	Anreicherungsfaktor	40 000
Eidotter von Wasservögeln	Anreicherungsfaktor	1 000 000

(nach Umwelt 2000)

Abb. 9 Beipiele für die Anreicherung radioaktiver Substanzen in der Nahrungskette

Der in Abb. 8 gezeigte kumulative Effekt tritt im übrigen auch bei radioaktiven Spurenverunreinigungen auf, wie in Abb. 9 gezeigt wird. Befunde dieser Art können die auf Seite 46 erwähnte ökologische Schraube in Gang setzen, z. B. durch Beunruhigung der Bevölkerung über die von Atomkraftwerken oder „Atommüll" freigesetzten radioaktiven Spuren, falls diese zulässige Grenzwerte überschreiten.

Ein weiteres Beispiel für die Schwierigkeit, eventuelle Nebenwirkungen einer chemischen Verbindung frühzeitig zu erkennen, demonstriert der Fall der PCB. Es handelt sich um polychlorierte Biphenyle, die wie DDT wasserunlösliche und fettlösliche organische Chlorverbindungen sind. Sie werden nur sehr langsam abgebaut.

In der Industrie werden sie seit nahezu drei Jahrzehnten in großer Menge angewandt, beispielsweise zur Herabsetzung der Brennbarkeit von Ölen, als Bootsfarben oder Isoliermaterial in Elektrokabeln und Kondensatoren. Als Gefahr für die Umwelt wurden sie jedoch erst im Jahr 1966 erkannt. Aus Abluft, Abwasser oder durch direktes Verdampfen oder Verflüchtigen gelangen sie in die Umwelt, und durch Bindung an Fette und fettähnliche Substanzen können sie schließlich in den Nahrungskreislauf eintreten. Verschiedene Arten von Fischen und Wasservögeln zeigen heute bereits hohe PCB-Anreicherungen. In der Nähe von Industriegebieten können auch Menschen einen hohen PCB-Gehalt aufweisen.

Vor allem in Japan ist die Öffentlichkeit alarmiert, da dort PCB in einer Lebensmittelfabrik durch eine undichte Heizschlange in Speiseöl gelangte, was längere Zeit unbemerkt blieb. Inzwischen zeigen viele Konsumenten dieses Öls Hautausschläge und ernstere Krankheitssymptome.
In USA verlangt heute eine Herstellerfirma für PCB zuerst eine hohe Kaution, die Millionenbeträge umfassen kann, bevor PCB ausgeliefert wird. Nach dem Verursacherprinzip wäre ja die Herstellerfirma für Umweltschäden oder Gesundheitsrisiken ganz oder teilweise haftbar.

Umweltschutz und Regionalplanung

Eine unzulässige oder gesundheitsbedrohende Verschlechterung der Umweltbedingungen ist vor allem dort möglich, wo eine Zusammenballung von Menschen mit anderen ungünstigen Faktoren zusammentrifft. Ein extremes Beispiel dieser Art ist Mexico-City, wo 1973 durch UNESCO-Experten eine Luftverschmutzung festgestellt wurde, welche oftmals 100 mal größer sein soll als das tolerierbare Niveau. Wer in Mexico-City lebt, atmet täglich so viel schädliche Substanzen wie z. B. Benz-Pyrene ein, wie dem Genuß von zwei Schachteln Zigaretten entspricht, sodaß auch der Nichtraucher der Gefahr des Lungenkrebses ausgesetzt ist.
Folgende ungünstige Faktoren kommen in Mexico-City zusammen:
– Die Stadt ist auf drei Seiten von hohen Gebirgszügen umgeben und daher schlecht durchlüftet.
– Der Wind kommt hauptsächlich von Norden, aber ausgerechnet dort sind große Zementfabriken, Stahlwerke, Ölraffinerien und andere Industrien errichtet worden, deren Emissionen somit in die Stadt hineingeblasen werden. Dort vereinigen sich die industriellen Abgase mit denjenigen von einer Million Automobilen.

– Die Stadt liegt auf etwa 2200 m Höhe, und die relativ starke ultraviolette Einstrahlung begünstigt photochemische Reaktionen, durch welche unter Mitwirkung nitroser Gase äußerst schädliche chemische Verbindungen entstehen.
– Das Verhalten der Menschen begünstigt die rasche Verschlechterung der Umweltbedingungen: Die Stadt wächst mit 5,7% pro Jahr und gehört damit zu den am schnellsten wachsenden Großstädten der Welt.
– Die Regierung hat zur Verbesserung der Verhältnisse in Mexico-City bisher nicht viel beigetragen: Abwässer laufen oft durch offene Kanäle, Müll wird an vielen Orten verbrannt. Zwar hat die Regierung für das Jahr 1974 der Industrie strenge Auflagen zur Verringerung ihrer Emissionen auferlegt. Vorerst ist jedoch mit einer weiteren Verschlechterung der Verhältnisse zu rechnen, und man sagt voraus, daß die Automobilisten bereits in naher Zukunft zur Mittagszeit die Scheinwerfer einschalten müssen, da die Sichtverhältnisse entsprechend schlecht sind, von der Luftqualität beim Einatmen ganz zu schweigen.

Es gibt eine ganze Reihe anderer Städte, in denen sich die Verhältnisse aus ähnlichen oder anderen Gründen gleichfalls rapide verschlechtern. Man erkennt aus dem Beispiel von Mexico-City, daß die Technologie-Planung eng verzahnt ist mit Regionalplanung, Regierungsmaßnahmen sowie den lokalen Verhältnissen. Das Beispiel zeigt aber auch, wie wichtig es ist, rechtzeitig eine Technologie-Planung einzuleiten, damit sich nicht in verhängnisvoller Weise verschiedene Faktoren gegenseitig verstärken können.
Wer die Entwicklung von Mexico-City in den letzten 25 Jahren verfolgt hat, wird ohne Zweifel feststellen, daß der Lebensstandard der Bevölkerung sich enorm verbessert hat, daß viele Fabriken gebaut wurden und die Anzahl der Automobile stark zugenommen hat. Man erkennt aber, daß hierfür ein hoher Preis – ein zu hoher Preis? – entrichtet wurde.

Unzulänglichkeiten bei der Regionalentwicklung aufgrund mangelnder systematischer und interdisziplinärer Planung sind allerdings nicht auf ferne Länder wie Mexico beschränkt, sondern kommen auch vor unserer eigenen Tür vor. Als lehrreiches Beispiel kann hier die Industrieansiedlung an der Unterelbe zwischen Hamburg und Cuxhaven dienen.
Als diese Industrieansiedlung projektiert wurde, stand offensichtlich das Ziel einer möglichst raschen Industrialisierung im Vordergrund. Überlegungen über die ökologischen Auswirkungen solcher Projekte wurden nur oberflächlich angestellt und an einer weitblickenden, zwischen den beteiligten Bundesländern und Behörden sorgfältig abgestimmten Planungskonzeption mangelte es gar vollständig, wie beispielsweise das Fehlen eines Gesamtlastplanes für die Unterelbe zeigt.
So konnten z. B. Industrieanlagen errichtet werden, für welche die Bau- und Betriebsgenehmigung erst nach Fertigstellung erteilt wurde. Dieses Vorgehen wurde einer Aluminiumhütte beinahe zum Verhängnis: Aufgrund von Einsprachen gegen ihre Fluoremissionen wurde ihre Betriebserlaubnis nachträglich eingeschränkt, sodaß sie zunächst nur mit 2/3 der Kapazität gefahren werden darf, was nach Angaben der Firma einen Verlust von monatlich 4 Mio DM bedeutet.
Ebenso unbefriedigend ist die Situation einer Chemiefirma, die bis heute für die Einleitung ihrer Abwässer in die Elbe nur eine vorläufige Genehmigung hat.

Diese Beispiele zeigen deutlich, daß nicht nur bei der Planung der Technik selbst, beispielsweise durch die Industrie, deren Auswirkungen auf die Umwelt berücksichtigt werden müssen, sondern daß die gleiche Forderung auch für die Planung der Stätten, an denen sie ausgeübt wird, gilt und hier vor allem öffentliche Instanzen und Behörden herausfordert.
Nur eine offene und bereitwillige Zusammenarbeit aller Beteiligten, wozu sehr oft auch die Öffentlichkeit gezählt werden

muß, kann Fehlentwicklungen wie die oben geschilderten in Zukunft vermeiden.

Umweltschutz und Technologie-Planung

Die Ausgangslage wird durch eine drei Meter hohe Eisenplastik im Senkenberg-Museum in Frankfurt am Main anschaulich gemacht. Ihre glänzende Vorderseite symbolisiert die Perfektion unseres modernen Lebens, während die Rückseite ihren Namen „Öko-Plage" versinnbildlicht: Hier zeigt sich die Kehrseite der technischen Entwicklung in Form von Schrott, Müll und Zivilisationsgiften, die in ihrem Inneren aufgehäuft sind.
Die Behebung dieser Probleme ist größtenteils Sache der technischen Entwicklung. Doch diese kann nur erfolgreich ablaufen, wenn sie durch Regierung und Öffentlichkeit entsprechend unterstützt wird. Es liegt auf der Hand, daß zur sinnvollen Förderung umweltfreundlicher Verfahren und Produkte die Erstellung und Beachtung von Gesamtkonzepten erforderlich ist.
Generell ist festzustellen, daß Gesamtkonzepte, wie sie im Rahmen der technologischen Planung erarbeitet werden, für die staatliche Planung ein wünschenswertes Rückgrat ergeben können. Beispiele, welche mit dem Umweltschutz eng zusammenhängen, sind insbesondere die mannigfachen Fragen in Zusammenhang mit Atomkraftwerken und generell die Energieversorgung. Auf diese Fragen werden wir später noch im Einzelnen eingehen.
In allen diesen Fällen gebührt der frühzeitigen Durchführung von Assessments besondere Beachtung.
Es gibt zwei grundlegend verschiedene Wege zur Verminderung oder Beseitigung von Umweltbelastungen:
– Aufpfropfen aufwendiger Reinigungsanlagen auf das bestehende System, und zwar meistens als Maßnahme am Ende der Produktionskette. Typische Beispiele sind die Anbringung teurer Anlagen, um aus Abgasen Schwefeldioxyd zu entfernen, der

Versuch, Flüsse oder andere Gewässer nachträglich mit Reinigungsanlagen wieder zu sanieren oder aber die Hinzufügung von Reinigungsaggregaten an konventionelle Automobile, um die Abgase vor Austritt in die Atmosphäre zu reinigen.

– Wie es in der Medizin besser ist, vorzubeugen als zu heilen, so auch in Fragen der Verbesserung der Umweltqualität: In fast allen Fällen ist es erheblich wirtschaftlicher und oft auch wirksamer, von Anfang an durch sinnvolle Technologie-Planung umweltschonende Verfahren und Produkte zu entwickeln und einzusetzen, bzw. *vor* dem Bau von Industriebetrieben oder Agglomerationen rechtzeitig eine umfassende Technologie-Planung zu veranlassen.

Aber auch bei bereits bestehenden Betrieben kann die Sanierung oftmals auf verschiedene Weise erfolgen. Anstelle der nachträglich aufgepfropften Maßnahmen ist im Regelfalle eine grundsätzliche Sanierung des Verfahrens vorzuziehen. Hierzu gehört auch die Wiederverwendung möglichst vieler Abfallstoffe einer Betriebsanlage durch Rezyklieren oder durch Weiterverarbeitung.

Schon diese skizzenhaften Ausführungen lassen erkennen, daß zwischen Umweltschutz und Technologie-Planung eine starke gegenseitige Abhängigkeit besteht. Die hiermit verbundene Umorientierung kann einen wesentlichen, wahrscheinlich sogar ausschlaggebenden Beitrag erbringen, um in den nächsten Jahrzehnten die anstehenden Probleme Schritt für Schritt zu lösen.

Die Impulse, welche die technische Entwicklung heute durch die Postulate des Umweltschutzes empfängt, sind an Zahl und Auswirkung enorm: Seit der Erfindung des Rades oder des Elektromotors, der Wärmekraftmaschine und der Atomkraft stellt in Zukunft der Umweltschutz eine der stärksten Antriebskräfte für die Entwicklung neuer Technologien dar.

Das Ökosystem des „Raumschiffes Terra"

Der Umweltschutz geht weit über die regionale Planung innerhalb eines Landes oder Kontinents hinaus. Die Probleme, welche heute z. B. durch schädliche Auswirkungen von Verunreinigungen des Meeres vorliegen, machen es deutlich, daß weltweite Umweltschutzprobleme existieren. Meerestiere, die weit entfernt von Küsten leben, weisen bereits merkliche Gehalte an DDT auf. Es gibt darüberhinaus eine Vielzahl anderer weltweiter Umweltprobleme. Bisher sind aber internationale Firmen kaum durch die Präsentation globaler Strategien hervorgetreten, um entweder ihre Interessen zu schützen oder ein Konzept für weltweiten Umweltschutz zu unterbreiten. Auch die Regierungen, bzw. die zuständigen Instanzen der UNO sind nicht viel weiter gekommen.

Die UNO hat allerdings 1973 in Nairobi die UNEP (United Nations Environmental Program) ins Leben gerufen, die aber noch keine Auswirkungen gezeigt hat. Einige westeuropäische Länder, sowie USA und Japan, machen ihrer Industrie strenge Umweltschutzauflagen. Dagegen sind andere Länder heute noch als „pollution heaven" (Pollutionshimmel) zu bezeichnen. Es besteht daher die Gefahr, daß durch sehr ungleiche Umweltschutzbedingungen in verschiedenen Ländern oder Kontinenten Wettbewerbsverzerrungen bewirkt werden. Entwicklungsländer weisen gerne darauf hin, daß die Aufbauphase der Grundstoffindustrie in den heute hochentwickelten Ländern anfänglich ohne Rücksicht auf Umweltschutz erfolgte, was über Jahrzehnte den erzielbaren Reingewinn gesteigert hat.

Es wird noch intensiver Diskussionen bedürfen, um diesen Fragenkomplex zu klären. Vorerst ist die Ausgangslage nicht gerade ermutigend, sobald man über die Grenzen eines Landes hinausblickt. Ein Beispiel ist die Umweltschutzkommission für den Rhein, bestehend aus Österreich, Schweiz, Bundesrepublik Deutschland, Frankreich und den Niederlanden. In ihren ersten

zehn Arbeitsjahren konnten von den fünf Mitgliedsstaaten noch keine Resultate erzielt werden, welche den Rhein in seiner Wasserqualität merklich verbessert hätten.
Die Harmonisierung des internationalen Umweltschutzes ist bisher nur auf wenigen Ausnahmesektoren gelungen, wie Verbot der Deponie von Industriemüll in den Ozeanen oder Durchführung von Atomtests in der Atmosphäre.
Schließlich werden hochentwickelte Länder Spezialzölle in Erwägung ziehen, um Rohstoffe, die ohne Umweltschutzauflagen hergestellt wurden, der Wettbewerbsverzerrung zu entziehen. Daher kommen internationale Firmen zum Schluß, daß man den Umweltschutz als Wettbewerbselement von vornherein nicht zulassen sollte.
Anfang der siebziger Jahre haben sieben große Automobilfirmen ein Abkommen geschlossen, um in Europa gleichmäßige Emissionsgesetze anzustreben. Dies ist vergleichbar mit einem ähnlichen Abkommen der chemischen Großindustrie, gleichfalls mit dem Ziel einer Harmonisierung der Umweltschutzvorschriften auf dem Sektor Chemie in ganz Europa.
Die Aspekte des weltweiten Umweltschutzes sind also verwikkelt. Dennoch gibt es einen gemeinsamen Nenner für alle Umweltschädigungen: Das Ökosystem der Erde.
Das Ökosystem der Erde wird neuerdings oft mit einem Raumschiff verglichen, in welchem die gesamten Lebensbedingungen sich in Wechselwirkung befinden. In früheren Jahrhunderten konnten ganze Völker wandern und sich somit geeignete Umweltbedingungen oder passendere ökologische Nischen suchen. Im Raumschiff „Terra" ist dies heute nicht mehr möglich. Ein führender Biologe, Robert Prehoda, hat in neuerer Zeit die Erde mit dem Zustand der Apollo-13-Raumkapsel verglichen, in der sich während des Fluges bedrohliche Zustände einstellten. Ähnlich, wie es mit Apollo 13 geschah, sind im sog. „life support system" (Überlebenssystem) der Erde schwere Störungen aufgetreten. Wodurch sind die Probleme entstanden?

Sinngemäß sagt Prehoda:
Die auf der „Terra“ lebenden Astronauten haben an den Altären falscher Gottheiten ihre Opfer dargebracht. Diese Altäre sind:

1. Technologie als Selbstzweck
2. Uneingeschränktes Wachstum der Besatzung und des Bruttosozialproduktes
3. Weitgehende Vernachlässigung der schädlichen Auswirkungen verschiedener umweltverschmutzender Substanzen, wie z.B. der Pestizide, auf „Terras“ äußerst komplexes Überlebenssystem.

Führende Ökologen sind übereinstimmend der Meinung, daß „Terras“ Besatzung ihre schwerste Krisis vor sich hat, seit die ersten schriftlichen Dokumente über „Terra“ vor mehreren tausend Jahren entstanden. Die Verschmutzung in Terras „life support system“ hat sich in der Atmosphäre und im Wasser ausgebreitet. Sie besteht in Radioaktivität, in festen und flüssigen Abfallstoffen, Pestiziden, in thermischer, akustischer, optischer und Informations-Pollution. Es ist offensichtlich, daß wir fast sämtliche Bereiche der menschlichen Gesellschaft unter diesen Aspekten neu überdenken müssen. Vieles muß umgestaltet und dann neu gebaut werden, um das benötigte ökologische Gleichgewicht wieder zu erreichen, das es den Menschen der „Terra“ gestattet wird, zu „überleben“.
Wenn wir Prehoda's Gedanken folgen, erkennen wir, daß „Terra“ sämtliche Abfallstoffe behalten muß, da weder Abwasserrohre noch Kamine irgendeine schädliche Substanz ins Weltall befördern. Daher reichern sich Atmosphäre, Boden und Meere ständig mit schädlichen Stoffen an, jedenfalls solange der natürliche Zyklus in großem Stile durchbrochen ist.
Hans B. Barbe weist ferner darauf hin, daß die Verhältnisse für die Erde sogar noch wesentlich schlimmer sind als aus diesem Vergleich hervorgeht:

„Ein Raumschiff weist verschiedene Vorzüge auf, die unser Planet – als einzige uns gegenwärtig zugängliche Lebensbasis – nicht anbieten kann. So wird ein Raumschiff für eine bestimmte Mission entworfen und ausgerüstet; diese Mission ist zeitlich begrenzt, die Anzahl der teilnehmenden Mitglieder wird festgelegt und bleibt unverändert, und nach Abschluß der Mission wird die (in ihren Vorräten vergleichsweise unbegrenzte) Heimatbasis wieder angeflogen. Das Raumschiff Erde hat demgegenüber eine unbestimmte Mission; wohin die Reise führt und wie lange sie dauert, bleibt unserer Erkenntnis vorderhand verschlossen. Wir wissen nur, daß es keine Heimatbasis gibt, auf die wir nach Vollendung unserer Reiseroute rechnen dürfen, um unsere Vorräte wieder zu ergänzen und zu normalisieren."

Außerdem macht Barbe darauf aufmerksam, daß viele Entwicklungen nicht kontinuierlich verlaufen, sondern oftmals gewisse Schwellen überwinden müssen. Ein Beispiel: Im Straßenbau kann die Kapazität nicht graduell dem Leistungsbedarf angepaßt werden. Eine zweispurige Straße kann beispielsweise rund 10 000 Fahrzeuge täglich verarbeiten, eine vierspurige demgegenüber bereits 40 000. Wird somit die Schwelle „10 000" durchbrochen, so muß das Angebot gleich bis zur nächst höheren Schwelle erhöht werden, da kein Zwischenwert besteht. Ähnliche Schwellen kennen wir aus der Wirtschaft (rentable oder unrentable Firmengrößen usw.). Es scheint, daß auch das Überlebenssystem der Erde solche Schwellen aufweist. Solange man darunter ist, passiert nicht viel, obwohl man nicht realisiert, wieviel Reserven noch bestehen. Gerät man aber an einen solchen Plafond, so wird das ganze System unstabil, wie Forrester in seinem Buch „World Dynamics" sehr anschaulich dargestellt hat.

Eine solche Schwellensituation kann fallweise erhebliche Schwierigkeiten bewirken, sie kann aber auch positive Aspekte haben: Sobald die Menschheit für eine solche Schwelle sensibilisiert ist, können Anpassungsmechanismen in Kraft treten.

Vier Grundeinstellungen zur zukünftigen Umwelt

Bei der starken Anteilnahme der gesamten Öffentlichkeit an den Fragen des Umweltschutzes ist es nicht verwunderlich, daß sich einige Gruppen gebildet haben, welche die zukünftige Entwicklung in etwa einheitlich beurteilen. Im folgenden werden vier wesentliche Hauptgruppen kurz skizziert:

1. Der technologische Problemlöser
   oder: der technologische Optimist

Seine Maxime: Alle erkennbaren Probleme sind in nützlicher Frist lösbar, denn man muß lediglich die technische Entwicklung vorantreiben („forward stampede"). Abb. 10 erläutert skizzenhaft die Situation. Die Ellipse bezeichnet schematisch die Grenzen des Wachstums für eine bestimmte Region. Darin verlaufen verschiedenste Wachstumsmechanismen ab, versinnbildlicht durch das Polygon, welches irgendwo an die Grenzen des Wachstums stößt, z. B. indem der Energieverbrauch größer ist als die verfügbare Energie.
Die Grundeinstellung einer Problemlösung durch technologische Fortentwicklung betrifft nicht nur die in Abb. 10 skizzierte Erweiterung der Grenzen des Wachstums, z. B. durch Erschließung neuer Bodenschätze oder Energiequellen. Sie schließt ebenso die durchaus gegebene Möglichkeit ein, die Ursachen aller Umweltschäden oder zumindest der dringendsten zu beseitigen oder in tragbare Dimensionen einzugrenzen. Es liegen z. B. Studien darüber vor, daß in den USA innerhalb von 20 Jahren alle störenden Umweltschäden, die durch Verunreinigung von Flüssen oder der Luft entstehen, beseitigt sein könnten, wenn etwa 2% des Volkseinkommens für Investitionen zur Verbesserung der Umweltqualität aufgewendet werden würden.
Somit darf man den „technologischen Problemlöser" nicht unbedingt negativ bewerten. Wir werden später aber noch sehen,

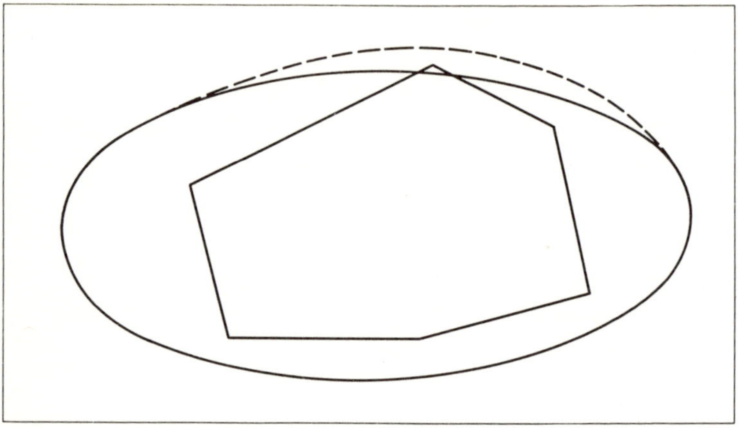

Abb. 10 Erweiterung der Grenzen des Wachstums durch technologische Fortentwicklung

daß es eben doch nicht genügt, nach der Art einer „Durchbruchsstrategie“ alle anstehenden Probleme rein technologisch betrachten und lösen zu wollen.

2. Der ökologische Pessimist

Diese weitverbreitete Spezies kann in zwei Gruppen aufgeteilt werden:

a) Der emotionell stark beeinflußte Pessimist.

Hierzu gehören viele Personen, die oft sogar im Bewußtsein der Erfüllung notwendiger Staatsbürgerpflichten gegen Umweltgefahren demonstrieren, z. B. gegen den Bau von Atomkraftwerken, wobei sie allerdings meist nur einen kleinen Teil der Tatsachen kennen oder berücksichtigen.

b) Der vollaufgeklärte Pessimist.

Hier handelt es sich um Personen, die anerkennen, daß mit der Methode des „forward stampede“ gewisse Grenzen des Wachs-

tums beseitigt und sogar die Umweltverschmutzung ganz oder weitgehend beseitigt werden können.
Trotzdem bleiben diese Leute pessimistisch, weil sie aus der Vergangenheit wissen, daß gewisse, erst langzeitig auftretende, nachteilige Wirkungen von den Technologen übersehen werden und uns somit auch in Zukunft wieder unerwartete böse Überraschungen bescheren können. Häufig wird nämlich die eine Umweltbelastung durch eine andere ersetzt, wobei die daraus entstehenden neuen Folgeerscheinungen nicht immer bekannt sind oder berücksichtigt werden.

3. Der sozial engagierte Kritiker

Hier handelt es sich um einen Personenkreis, der insbesondere der Lebensqualität (Quality of life) Beachtung schenkt und daher „forward stampede" ablehnt, insbesondere wenn es sich darum handelt, noch mehr Energie oder noch mehr Werkstoffe in die vorhandenen Verbrauchergruppen hineinzupumpen, um dadurch bestehende Probleme zu lösen. Statt dessen sucht man nach neuen Wegen, um die Auswirkung der Technologie oder der Lebensweise der Menschen abzumildern und so eine verbesserte Lebensqualität zu erzielen.

4. Der Extrapolist

In gewisser Weise den Anhängern der „forward stampede" verwandt, haben die Extrapolisten heute an Glaubwürdigkeit verloren und werden zum Teil sogar auf die Anklagebank verwiesen. Viele Vorhersagen von Verbrauch oder technischem Fortschritt bedienen sich der Extrapolation. Geht man dabei von konstanten Wachstumsraten aus, so entsteht eine exponentielle Wachstumskurve, wie sie auf Seite 78 und Abb. 11 für den Erdöl-Verbrauch angegeben ist. Solche exponentiellen Wachstumskurven haben über Jahrzehnte hinweg etwas Furchterregendes an sich.

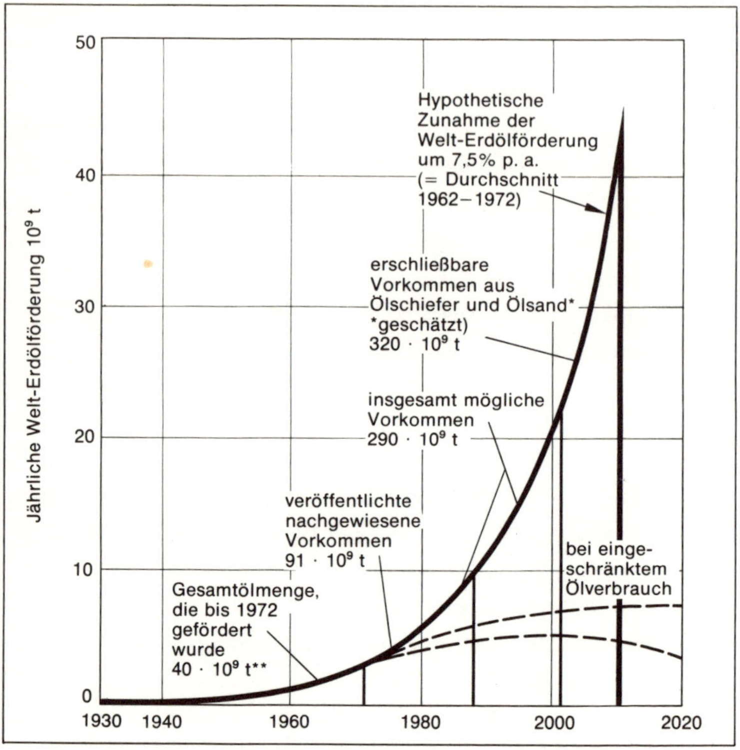

* Unter der Annahme, daß 75% des darin enthaltenen Öls gewonnen werden können
** durchschnittliche Zunahme der Welt-Jahresförderung 1900–1972=7,0%

Abb. 11 Exponentielle Wachstumskurve des Ölverbrauchs

Man erkennt in Abb. 11, daß bei gleichbleibender Wachstumsrate von 7,5% pro Jahr der Erdölverbrauch in den 70er Jahren höher wäre als in der ganzen bisherigen Menschheitsgeschichte. Würde man die Steigerung des Elektrizitätsverbrauchs mit den Wachstumsraten der 60er-Jahre fortsetzen, so müßte man etwa im Jahre 2020 täglich ein neues Kernkraftwerk mit 1000 Megawatt-Leistung errichten, was sowohl finanziell als auch rein technisch und aus Umweltschutzgründen völlig undenkbar ist. Man kann somit sagen, daß Mitte der 70er-Jahre ein grundle-

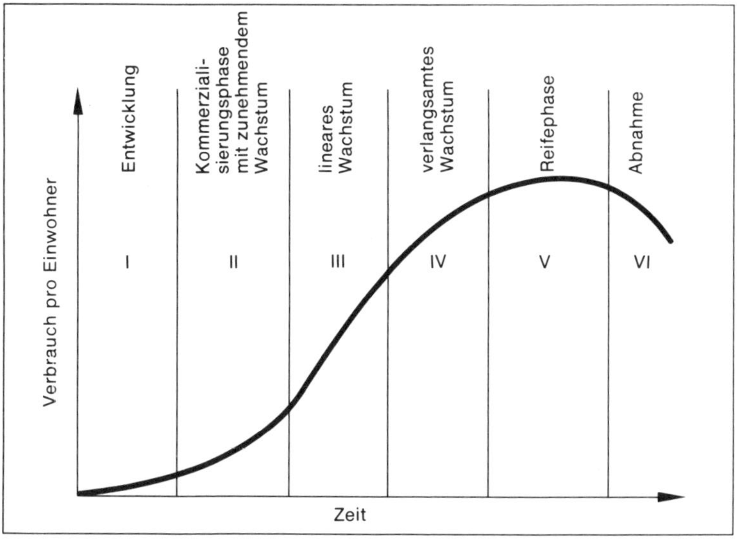

Abb. 12 Klassische S-Kurve, gültig für eine Vielzahl von Produkten und für eine definierte Konsumentengruppe, z. B. ein bestimmtes Land

gendes Umdenken erfolgen wird. Die Entscheidung, welcher Verbrauch in Zukunft wünschenswert oder zulässig sein wird, muß jeweils etappenweise neu getroffen und überprüft werden, so daß an eine Extrapolation früherer Verbrauchsraten überhaupt nicht mehr gedacht werden kann. Andererseits aber haben die Extrapolisten bis etwa Mitte 1973 eine dominierende Bedeutung gehabt, die nur jetzt weitgehend zusammenbricht.

Da jede exponentielle Wachstumskurve irgend wann ins Absurde führt, durchläuft jedes Wachstum in Wirklichkeit eine S-Kurve, wie sie in Abb. 12 skizziert ist. Die Extrapolisten begehen nun häufig den Fehler, den Wendepunkt zu weit in die Zukunft zu verlegen. Im übrigen verweisen wir auf Seite 105, wo die verfeinerte Trendanalyse erörtert wird.

Faßt man die Einstellung der zuvor genannten vier Gruppen zusammen und sucht nach einer wünschenswerten Synthese, so erkennt man, daß für eine sinnvolle Technologie-Planung alle vier Einstellungen benötigt werden. Die Extrapolation ist zu-

nächst wichtig, um die Grenzen des möglichen Wachstums und den Zeitpunkt, wann man diese voraussichtlich erreicht, klarzustellen. Selbstverständlich müssen gemäß Gruppe 1 neue technologische Lösungen angestrebt werden, jedoch sind auch die Einstellungen der Gruppen 2b und 3 in die Technologie-Planung miteinzubeziehen: Eine gewisse Vorsicht bei der Einführung einer Technologie sowie eine gebührende Berücksichtigung der angestrebten Verbesserung der Lebensqualität.
In Wirklichkeit handelt es sich somit nicht unbedingt um vier konträre Ansichten, die miteinander absolut unvereinbar sind. Die Erfahrung zeigt jedoch, daß viele der Wortführer, welche sich mit Zukunftsfragen befassen, ihren Schwerpunkt in einer dieser vier Gruppen haben und aus ihrem eigenen Denkgebäude nicht mehr herausfinden.

V. Ablauf der Technologie-Planung

Wer hoch zu steigen denkt, erreicht er nicht die Spitze,
kommt er durch Steigen doch mehr fort, als ob er sitze.

FRIEDRICH VON LOGAU

1. Übersicht

Abb. 13 gibt einen Überblick über den Prozeß der Technologie-Planung, wie er für Unternehmen mit starker technologischer Komponente sinnvoll ist, also beispielsweise für die Grundstoffindustrie oder für Automobilfirmen. Das Vorgehen gemäß diesem Schema ist jedoch keineswegs auf den industriellen, „profitorientierten“ Bereich beschränkt, sondern es kann mit gewissen Anpassungen auch auf den öffentlich-technologischen Bereich übertragen werden. Es gibt erheblich kompliziertere Modelle für die Technologie-Planung, in denen zum Beispiel der Rückkopplung sowie der gegenseitigen Beeinflussung der einzelnen Elemente vermehrt Rechnung getragen wird. Das in Abb. 13 festgehaltene Planungssystem ist jedoch wahrscheinlich ungefähr das Höchstmaß, was an technologischer Planung neu in eine bestehende Firma eingeführt werden kann. Hier wird durch nach oben gerichtete Pfeile auf eventuelle „feedback loops“ hingewiesen. Diese bedeuten, daß man im Verlauf der Technologie-Planung nötigenfalls wieder rückwärtsgehend in einen vorausgegangenen Schritt Informationen oder neue Überlegungen einführen muß.
Außerdem ist festzuhalten, daß in einem spezifischen Fall der erste Impuls zum Beginn der Technologie-Planung trotz der angegebenen logischen Reihenfolge beliebig in Stufe 1 – 9 erfolgen kann.

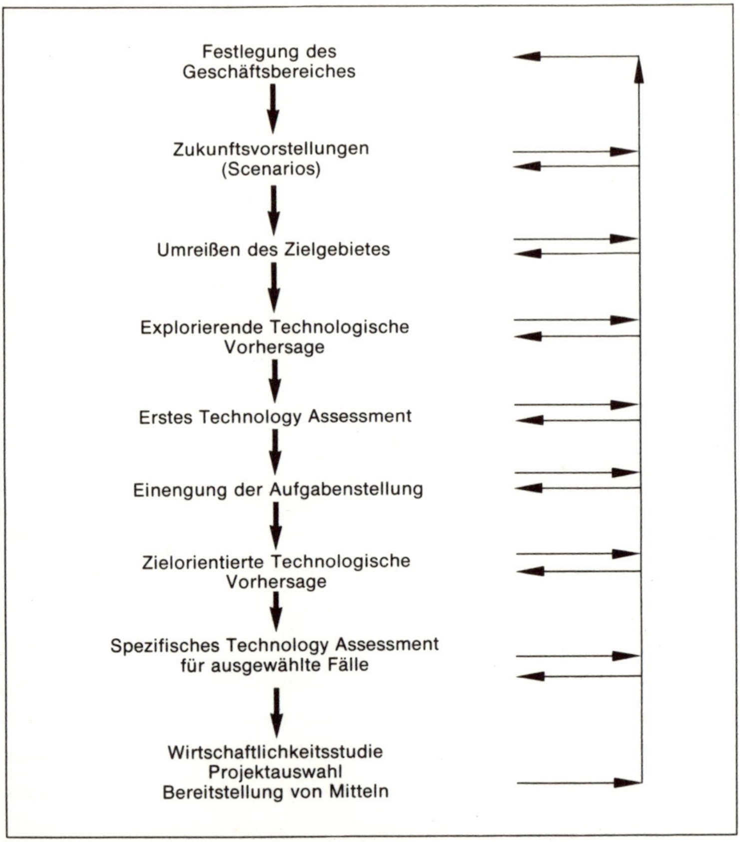

Abb. 13 Ablauf der Technologischen Planung

Im Folgenden werden wir zu jeder einzelnen Stufe des Prozesses der Technologie-Planung einige Anmerkungen machen, um anschließend den gesamten Prozeß nochmals anhand zweier Beispiele eingehender zu beleuchten.

1. Festlegung des Geschäftsbereichs

Hier ist natürlich zu unterscheiden zwischen dem angestammten Geschäftsbereich und einem neu gewählten, wie dies bei Diversifikation oder Vorwärtsintegration der Fall ist. Auch beim Verbleiben im angestammten Geschäftsbereich kann die Umstellung auf neue, aber z.B. umweltfreundliche Produkte eine umfassende Technologie-Planung auslösen, ebenso auch das Verharren beim bisherigen Sortiment. Ganz gleich, wie das Firmenziel lautet, in jedem Falle muß es auf die Bedürfnisse des Marktes ausgerichtet sein. Die Marktbedürfnisse gehen in jede der einzelnen Etappen der Technologie-Planung ein, woraus man erkennt, daß es sich in Wirklichkeit um eine techno-ökonomische Planung handelt, unter starker Berücksichtigung von Marketing-Komponenten.

2. Zukunftsvorstellungen

Diese „Scenarios" werden von einigen Verfassern auch als Zukunft 1, Zukunft 2 etc. bezeichnet. Es handelt sich um Darstellungsbilder der Zukunft, welche durch Zusammenfügen mit den spezifischen Gegebenheiten einer Firma zu speziellen Vorstellungsbildern umgeformt werden. Einer Studie legt man mindestens zwei solcher Scenarios zugrunde. Das erste resultiert oftmals aus einer Extrapolation der bisherigen Trends, gegebenenfalls unter Berücksichtigung bereits klar erkennbarer Veränderungen.

Mindestens ein weiteres Scenario sollte Elemente enthalten, die deutliche und bisher nicht aufgetretene Veränderungen gegenüber den bekannten Trends bewirken würden. Bei der Auswahl der einzelnen Scenarios liegt eine unvermeidliche Willkür vor, jedoch kann man sich im Rahmen der für möglich erachteten Veränderungen halten und muß nicht zu „science fiction"-Vorstellungen greifen.

Unter den Elementen eines Scenarios bilden Annahmen über zukünftige Begrenzungen eine wichtige Rolle. Typisches Beispiel (fiktiv): 1990 sind PKW mit konventionellen Motoren nicht mehr zugelassen; Großverbrauchern von Elektrizität wird die

Verbrauchssteigerung untersagt; Kupfer ist bei gleichem Volumen viermal so teuer wie Aluminium etc.
Durch eine gewisse Willkür bei den getroffenen Annahmen sind die Scenarios ein relativ schwaches Glied in der Kette der Technologie-Planung. Scenarios sagen aus, was passieren *kann*, nicht aber, daß dieses Ereignis eintreten *wird*. Trotz dieser Einschränkung haben Scenarios einen praktischen Wert, z. B. eine Geschäftsführung oder Regierungsinstanz rechtzeitig zum Durchdenken oder Einplanen von möglichen Alternativ-Lösungen anzuregen.

3. Umreißen des Zielgebietes

Dieser Schritt ist notwendig, um die anschließende Suche nach spezifischen technologischen Lösungen in einem vernünftigen Rahmen zu halten. Das Zielgebiet ist somit von den beiden zuvor genannten Schritten sowie von den voraussichtlichen Bedürfnissen der Konsumenten in dem anvisierten Zeitintervall abhängig. Bei der Umreißung des Zielgebietes ist auf der einen Seite die Entwicklung externer Faktoren zu beachten, so z. B. die der Marktbedürfnisse und Umweltanforderungen. Auf der anderen Seite müssen aber auch interne Faktoren wie Entwicklungs-, Produktions- oder Investitionsmöglichkeiten beachtet und bewertet werden.
Ein konkretes Beispiel für die Wahl eines Zielgebietes ist z. B. der Entschluß einer Regierung, sich im Sektor der Weltraumfahrt aktiv zu betätigen, ohne zunächst zu definieren, mit welchen Projektilen oder wohin man fliegen will.

4. Explorierende technologische Vorhersage

Hier begibt man sich auf die Suche nach möglichen Lösungen für die im Rahmen des Zielgebietes erkannten Probleme. Diese können sowohl im Bereich neuer Werkstoffe liegen, als auch in der Entwicklung von Verfahren. In die Vorhersage werden alle erkennbaren technologischen Entwicklungen einbezogen; zusätzlich müssen bereits hier Zeitplan und ökonomische Faktoren in einer ersten Abschätzung beachtet werden. Für die systematische Durchführung solcher technologischer Vorhersagen wurde eine Vielzahl von Methoden entwickelt, die noch eingehend besprochen werden.

Das Ergebnis der explorierenden Vorhersage ist die Beschreibung einer Reihe von möglicherweise für das umrissene Zielgebiet anwendbaren neuen oder bereits bekannten Technologien.

5. Erstes Technology Assessment

Das Grundkonzept des Technology Assessment ist die frühzeitige Erfassung aller vorhersehbaren Auswirkungen eines neuen Produktes oder eines neuen Verfahrens.

Überlegungen dieser Art sollten einerseits im Verlauf des Planungsprozesses bereits frühzeitig angestellt werden, andererseits verbietet jedoch die Vielzahl der zu diesem Zeitpunkt zu untersuchenden Varianten die Durchführung eines umfassenden technologischen Assessment. Die in diesem Stadium durchgeführten Erhebungen sollen auf eventuell kritische Punkte aufmerksam machen, die bei der folgenden Bewertung zu beachten und eingehender zu untersuchen sind.

6. Einengung der Aufgabenstellung

Diese Stufe im Prozeß der technologischen Planung war beispielsweise erreicht, als im Jahre 1962 Präsident Kennedy festlegte, die USA hätten das Ziel, bis 1970 eine bemannte Rakete auf dem Mond landen zu lassen.

Natürlich gilt diese Stufe auch für weniger spektakuläre Aufgabenstellungen. Sie ist gekennzeichnet durch die Einengung auf ganz spezifische Ziele. Auch bei dieser Auswahl sind die beiden Aspekte der externen Entwicklungen und Anforderungen einerseits und der internen technischen Möglichkeiten andererseits zu beachten.

7. Zielorientierte („normative“) technologische Vorhersage

Hierbei handelt es sich genau betrachtet um eine Planungsarbeit, wobei aber auch die noch bestehenden technologischen Lücken erkannt werden müssen. Es ist dabei eine Vorhersage nötig, ob, und wenn ja, in welcher Zeit es gelingt, diese Lücken zu schließen. Eine Reihe der Elemente für diesen Planungsschritt kann aus Stufe 4 stammen, d. h. aus dem explorierenden Suchen nach neuen Technologien.
Um auf unser Beispiel zurückzukommen: Bei der normativen Vorhersage über die Erfolgschancen des Apolloprojektes waren etwa 1965 seitens der NASA noch eine Reihe von ungelösten Teilaufgaben erkannt worden, z. B. ein optimaler Hitzeschild. Die Vorhersage ging aber dahin, daß diese restlichen benötigten technologischen Elemente in nützlicher Frist verfügbar sein sollten, was sich bestätigt hat.
Am Ende dieser Planungsetappe stehen somit detaillierte Vorstellungen über die einzelnen Entwicklungsschritte und ihre voraussichtliche zeitliche Sequenz fest, die zur Erreichung der unter 6. definierten Ziele erforderlich sind.

8. Spezifisches Technology Assessment

In dieser Etappe der Planung werden diejenigen Überlegungen und Untersuchungen vertiefend weitergeführt, die bereits in Stufe 5 angeschnitten wurden. Das Schwergewicht liegt hier auf der Erfassung aller vorhersehbaren Auswirkungen des spezifisch definierten neuen Produktes oder des neuen Verfahrens. Wie eine solche Technologie-Bewertung durchgeführt werden kann, sowie welche besonderen Aspekte sich daraus ergeben können, wird in einem späteren Abschnitt noch eingehend behandelt.

9. Wirtschaftlichkeitsstudien – Projektauswahl – Bereitstellung von Mitteln.

Mit dieser Stufe geht die Technologie-Planung in die konventionelle Planungsarbeit über. Die Erstellung von vergleichenden Wirtschaftlichkeitsstudien gehört bereits seit Jahrzehnten zur üblichen Projektbearbeitung größerer Industriefirmen. Es werden verschiedene Projektvarianten nach technischen, ökonomischen und Verkaufs-Gesichtspunkten einander gegenüber gestellt und Vor- und Nachteile gegeneinander abgewogen.
In diese vergleichende Bewertung gehen nun aber auch die zuvor erarbeiteten Ergebnissen des Technology Assessment ein, d. h. Kriterien des Umweltschutzes sowie verschiedene andere soziale Indikatoren, welche heute und in Zukunft vermehrt bei industriellen Planungen mitzuberücksichtigen sind.
Somit erfolgt die Wirtschaftlichkeitsstudie nicht mehr ausschließlich nach Aufwands- und Ertragskriterien, sondern es werden auch soziale Werte mit einbezogen. Hierbei ist es allerdings nicht immer ganz leicht, die einzelnen sozialen Faktoren zu bewerten und die ihnen zukommende Bedeutung in quantitativen, d. h. meist in finanziellen Größen auszudrücken.
Die Projektauswahl berücksichtigt schließlich alle zuvor genannten Kriterien. Aufgrund dieser Entscheidung kann dann die Bereitstellung der erforderlichen Mittel erfolgen.

Zusammenfassende Bewertung:

Der hier beschriebene Prozeß der Technologie-Planung besteht in einer strukturierten Wechselwirkung zwischen Zielsetzung einerseits – als Ergebnis von Bewertung und Auswahl – und Suche nach immer spezifischeren Informationen andererseits. Bei einer Vielzahl von Projekten wird man sich allerdings fragen müssen, ob es wirklich lohnend ist, den hier beschriebenen vielstufigen Prozeß vollständig zu durchlaufen. Oft wird es so sein, daß ein Projekt bereits in fortgeschrittenem Stadium ist, so daß bereits sehr konkrete Aufgabenstellungen und entsprechend spezifische Informationsbedürfnisse vorliegen. Hier kann dann der Prozeß der Technologie-Planung in der entsprechenden Stufe fortgesetzt werden. Stufe 8, das umfassende Assessment, sollte aber in Zukunft bei keiner grundlegenden Entscheidung mit Auswirkungen auf die Umwelt mehr fehlen.
Im Regelfall empfiehlt sich für Großprojekte die Durchführung einer kompletten Technologie-Planung, um anstelle der Behandlung von Einzelproblemen eine Betrachtung kompletter Systeme zu erreichen. Dies verringert beispielsweise die Gefahr, daß bei der Bearbeitung von Detailproblemen eventuell grundlegende Änderungen in übergeordneten Systemen übersehen werden. Auch verhindert ein komplettes technologisches Assessment, daß eine Gruppe von Spezialisten ein Projekt dominierend bewertet, ohne die gesamten Auswirkungen zu kennen.

2. Beispiele für den Ablauf einer Technologie-Planung

Im Folgenden soll an Hand eines Beispiels aus der Automobilindustrie und aus dem Wohnungsbau dargelegt werden, welche Überlegungen und Untersuchungen im Verlauf einer Technologie-Planung angestellt werden müssen. Zur besseren Übersicht beschränken wir uns auf eine stark vereinfachte Darstellung

Fallstudie Automobilindustrie:

1. Festlegung des Geschäftsbereiches

Ein Automobilhersteller will auch im Jahr 1985 im Bereich des Individualverkehrs durch Herstellung von PKW's tätig sein.

2. Zukunftsvorstellungen (Scenarios)

Ein erstes Scenario beruht auf der Annahme, daß die bisherigen Entwicklungstrends im wesentlichen ungestört weiterbestehen werden: also zunehmende Verwendung von Mittelklassewagen, weitere Verbesserung des Fahrkomforts und der Wartungsfreundlichkeit sowie allmähliche, aber nicht gravierende Verschärfung der Umweltschutzbestimmungen.
Einem zweiten Scenario könnte folgende Annahme zugrunde liegen: Keinerlei Umweltverschmutzung ist zugelassen; fossile Brennstoffe werden äußerst knapp; 70% der verwendeten Werkstoffe müssen rezykliert werden können.

3. Umreißen des Zielgebietes

Mögliche Zielsetzung: Ein Individualverkehrsmittel zu entwickeln, das möglichst vielen Anforderungen des zweiten Scenarios entspricht.

4. Explorierende technologische Vorhersage

Die zur Verwirklichung dieses Ziels geeigneten technischen Lösungen werden genauer untersucht und Vorhersagen ihrer Realisierungszeit erarbeitet. Dies wäre hier beispielsweise erforderlich für Brennstoffzellen, neue Batterien, Dampfmotoren, Stirlingmotoren sowie im Hinblick auf Rezyklierbarkeit die Verwendung von Aluminium oder Kunststoff für Karosserie, Chassis, Motor.
Des weiteren wären Vorhersagen aufzustellen über den Bedarf an verschiedenen Fahrzeugtypen (Stadtfahrzeug, Überlandfahrzeug).

5. Erstes Technology Assessment

Hierbei sind sämtliche Auswirkungen der obengenannten Technologien ins Auge zu fassen. Eine Nebenwirkung könnte beispielsweise sein, daß die Abgase neuartiger Motoren zuviel Umweltbelastung ergeben. Andererseits könnte die verbreitete Verwendung von batteriebetriebenen Autos in dem ins Auge gefaßten Zeitraum auf Schwierigkeiten stoßen, da die Erzeugung elektrischer Energie nicht mit der Nachfrage bei der Aufladung der Batterien Schritt halten kann.

6. Einengung der Aufgabenstellung

Hier wäre aufgrund der bisher zusammengestellten Informationen eine Auswahl der weiterzuverfolgenden Alternative zu treffen. In unserem Beispiel könnte dies beispielsweise ein mit Brennstoffzellen betriebenes Ganz-Aluminium-Auto sein oder als Alternative ein batteriebetriebenes City-Mobil mit 100 km Reichweite pro Tag und unter Berücksichtigung der obengenannten Einschränkungen.

7. Zielorientierte technologische Vorhersage

Ausgehend von den zuvor definierten Zielen ist in dieser Stufe der Planung zu untersuchen, welche Einzellösungen in welchem Zeitraum zur Erreichung dieser Ziele noch gefunden und entwickelt werden müssen. Dies könnte beispielsweise die Abschätzung des Zeitbedarfs für die Entwicklung speziell geeigneter Werkstoffe für die Brennstoffzelle sein. Insgesamt muß die Summe der erforderlichen Einzelentwicklungen die Verwirklichung des gesetzten Ziels innerhalb der vorhergesagten Frist erlauben.

8. Umfassendes Technology Assessment

Es ist nun an der Zeit, die zuvor eher grob abgeschätzten Auswirkungen der speziell untersuchten Produkte oder Verfahren im einzelnen zu untersuchen. Beispielsweise könnten im Falle

des Stirlingmotors umfangreiche Versuche zu dem Ergebnis führen, daß die Emission von Schadstoffen durchaus vermieden werden kann.
Andererseits könnte eine umfassende Untersuchung der Herstellungsmöglichkeiten von Kunststoffen zeigen, daß die weitverbreitete Verwendung von Kunststoffautomobilen aufgrund der Knappheit an organischen Rohstoffen, die für die Kunststoffherstellung benötigt werden, auf Schwierigkeiten stößt. Dies könnte unter Umständen eine Wiederholung der Etappen 6 oder gar 4 des Planungsprozesses erfordern, um entsprechende Alternativ-Lösungsmöglichkeiten bereitzustellen.

9. Wirtschaftlichkeitsstudie – Projektauswahl – Bereitstellung von Mitteln

In dieser Stufe werden sämtliche bisher erarbeiteten Informationen einander gegenübergestellt und bewertet. Die Projektauswahl schließlich legt fest, welches System bzw. welcher Werkstoff vorzugsweise weiter zu entwickeln ist. Dies ist der Abschluß der Entscheidungsvorbereitung.

Fallstudie Wohnungsbau

1. Festlegung der Aktivität

Für den Wohnungsbau sollen im Hinblick auf die Energieverknappung neue Kriterien festgelegt werden.

2. Zukunftsvorstellungen (Scenarios)

Ein erstes Scenario geht davon aus, daß alle Neubauwohnungen in der Nähe von Ballungszentren nach Möglichkeit an Fernheizungssysteme angeschlossen werden sollen. Außerdem sind in neugebauten Wohnungen Wärmeverluste auf ein Minimum herabzusetzen. Das Postulat der Fernheizung führt zur Förderung einer gewissen Konzentration neuer Ansiedlungen, was ande-

rerseits auch die Abschwächung des Individualverkehrs und den Bau von Schnellbahnen begünstigt.
In einem zweiten Scenario werden kleinere Satellitenstädte begünstigt, welche jeweils mit kleineren Einheiten für die Wärmeversorgung ausgestattet werden müssen.

3. Umreißen des Zielgebietes

Für beide Scenarios ergibt sich die Notwendigkeit, Gesamtkonzepte auszuarbeiten, die Siedlungsplanung, technologische Eigenschaften neuer Wohneinheiten sowie die Verkehrssysteme umfassen. Hieraus resultiert dann jeweils ein Katalog geforderter Kriterien.

4. Explorierende technologische Vorhersage

Die geeigneten technischen Lösungen zur Verwirklichung der Zielsetzungen werden genau untersucht, unter Einbezug realisierbarer, neuer Technologien. Für das erste Scenario stehen Heizkraftwerke verschiedener Konzeption sowie die Verwendung der Abwärme von Hochtemperatur-Reaktoren im Vordergrund.
Bei der Suche nach Technologien für das zweite Scenario werden insbesondere Sonnenwärme, Wärmepumpen sowie die Verwendung von Wasserstoff, Methanol oder kleinerer gasbeheizter Wärmekraftwerke zur Versorgung kleinerer Satellitenstädte oder einzelner Gruppen von neuen Wohnungen zu untersuchen sein. Die zugeordneten technischen Lösungen unterscheiden sich deutlich von denen, welche für größere neue Siedlungen benötigt werden.

5. Erstes Technology Assessment

Hier werden für das erste Scenario insbesondere die Nachteile großer Kraftwerksanlagen und einer Siedlungszusammenballung zu überprüfen sein. Bei der dezentralisierten Wohnweise des zweiten Scenarios werden die Nachteile des Individualverkehrs zu überprüfen sein, allerdings unter Einbezug neuer umweltfreundlicher Antriebssysteme.

6. Einengung der Aufgabenstellung

Aufgrund der festgestellten technologischen Lösungen und des ersten technologischen Assessments sollte zunächst festgelegt werden, welches der beiden Scenarien für die weitere Planung zugrunde zu legen ist, und welche eingeengte Zielsetzung innerhalb dieses Scenarios anvisiert wird. Beispielsweise stellt sich heraus, daß dezentralisierte Heizkraftwerke von 10 – 50 MW verschiedene Vorteile aufweisen, insbesondere im Falle einer Versorgung mit Erdgas oder anderen brennbaren Gasen.

7. Zielorientierte technologische Vorhersagen

Aufgrund der unter 6. eingeengten Aufgabenstellung muß nun der Zeitbedarf für die Bereitstellung der benötigten spezifischen Lösungen definiert werden, wobei insbesondere Energieeinsparung und eine Verringerung der Umweltbelastung im Vordergrund stehen. Die benötigte Technologie ist vorhanden oder kann innerhalb des Planungszeitraums bereitgestellt werden.

8. Umfassendes Technology Assessment

Hier werden alle Eventualitäten untersucht, welche das gewählte System haben kann. Beispielsweise muß geklärt sein, wie im Sommer und Winter das Heizkraftwerk ausgelastet ist und welche Auswirkungen ein temporärer Ausfall der Anlage haben könnte. Sodann sind die der gewählten Siedlungsform zuzuordnenden Transportsysteme in ihren Vor- und Nachteilen aufzuführen.

9. Projektauswahl

Falls die Etappen 6 und 8 eine befriedigende Lösung ergeben, kann nunmehr die abschließende Projektauswahl erfolgen, d. h. Übergang in den Planungsablauf, der für Behörden und Bauunternehmen konventionell üblich ist.

VI. Die beiden Hauptelemente der Technologie-Planung

Der als Stier dich erschreckt,
den pflegtest als Kalb du zu streicheln.

OVID

Bei der Beschreibung des Ablaufs der Technologie-Planung im vorangehenden Abschnitt wurden wiederholt zwei wesentliche Elemente dieser Planung erwähnt: Technologische Vorhersage und Technology Assessment. Im folgenden soll zunächst die technologische Vorhersage eingehender beschrieben werden.

1. Technologische Vorhersage

Das Ziel der technologischen Vorhersage ist keineswegs allein die Befriedigung der menschlichen Neugier, die Zukunft – hier auf dem Gebiet der Technik – zu kennen.
Die Notwendigkeit zur Vorhersage ergibt sich vielmehr daraus, daß selbst in unserer oft schnellebigen Zeit die Verwirklichung technischer Projekte viele Jahre, oft sogar über ein Jahrzehnt in Anspruch nimmt. So ist es beispielsweise bei der Planung einer großen Produktionsanlage, die vielleicht in drei oder vier Jahren den Betrieb aufnehmen kann und für mindestens weitere zehn Jahre produzieren soll, keineswegs damit getan, allein die heutige Situation zugrunde zu legen. Sinnvolle Planungen und Entscheidungen benötigen vielmehr sorgfältig erarbeitete Vorhersagen über die zukünftige Umwelt sowie über neue Technologien, die für den Betrieb und das Produkt relevant sein werden. Diese Notwendigkeit der Vorhersage gilt nicht allein für Industrieprojekte, sondern sinngemäß auch für öffentliche Vorhaben.

Die Bedeutung von technologischen Vorhersagen wird ferner durch die Tatsache unterstrichen, daß die Technologie eine immer größere Rolle bei unternehmerischen Entscheidungen spielt.
Einige Beispiele aus der jüngsten Vergangenheit verdeutlichen dies:
– Zusammenbruch von Rolls-Royce durch Fehlschläge bei der Entwicklung neuer Düsentriebwerke
– mehrere Milliarden Dollar Verlust für Du Pont bei der Entwicklung von Corfam-Kunstleder
– schwierige Situation vieler Firmen, ja sogar ganzer Nationen in bezug auf Energieversorgung
– aufsehenerregendes Wachstum vieler Firmen durch Anwendung neuer Technologien

Dieser wachsende Einfluß des Faktors Technologie fordert dazu heraus, alles zu tun, um möglichst viel über die voraussichtliche zukünftige Entwicklung der Technologie zu erfahren.
Bei der Definition des Begriffes „Technologische Vorhersage" gehen die Meinungen beträchtlich auseinander. Im Grunde genommen ist eine technologische Vorhersage eine von Fachleuten vorgenommene Einschätzung erwarteter zukünftiger Entwicklungen im Bereich der Technik. Um von praktischem Nutzen zu sein, sollte diese Vorhersage quantifiziert werden.
Von verschiedenen Autoren wird diese prinzipielle Definition noch ergänzt. So fordert beispielsweise J. R. Bright, daß diese Vorhersage aufgrund eines spezifizierten gedanklichen Vorgehens gewonnen wird. Durch diese Einschränkung unterscheidet sich die technologische Vorhersage von der reinen Meinungsäußerung und Prophezeiung. Eine solche technologische Vorhersage besteht aus einer explizit festgelegten Anzahl von Daten, Beziehungen und Annahmen und liefert aufgrund der logischen Vorgehensweise relativ konsistente Ergebnisse, die ziemlich unabhängig von der Person des Vorhersagenden sind.

Andere Autoren (z. B. Cetron) fordern zusätzlich die Angabe des Aufwandes, der zur Verwirklichung der vorhergesagten Technologie aufgebracht werden muß. Vor allem wird von der technologischen Vorhersage eine Aussage erwartet, daß unter angenommenen Voraussetzungen ein Ereignis mit einer gewissen Wahrscheinlichkeit zu erwarten ist. Jedoch kann die technologische Vorhersage nicht garantieren, daß das Ereignis im angegebenen Zeitraum mit Bestimmtheit eintreten wird. Dies wird gelegentlich mißverstanden.

Die folgende Darstellung des Innovationsprozesses soll auf eine weitere Dimension der technologischen Vorhersage aufmerksam machen.

Der Gesamtprozeß der Innovation umfaßt alle Bemühungen, durch die technisches Wissen in Realität umgewandelt wird. Eine einfach Gliederung ist in der folgenden Liste dargestellt:

Der Innovationsprozeß (nach Martino)

1. Wissenschaftliche Entdeckung (basic invention)
2. Bestätigung im Labor
3. Entwicklung von Prototypen
4. Einführung auf dem Markt
5. Verbreitete Anwendung
6. Anwendung in anderen Bereichen
7. Auftreten sozialer oder ökologischer Auswirkungen

Eine Innovation gilt als erfolgreich, wenn sie zumindest bis Stufe 4 gelangt ist. Viele Innovationsfälle kommen aber bereits in Stufe 1 – 3 zum Stillstand und gelten dann als gescheitert. Zahlreiche Erfindertragödien und der relativ kleine Realisierungsgrad der Grundlagenforschung sind dafür ein Indiz. Übrigens sind manche scheinbar gestorbenen Innovationen in Wirklichkeit nur scheintot und erwachen nach Jahren oder Jahrzehnten wieder zum Leben und erreichen dann doch eine Realisierung, d. h. Stufe 4 oder sogar 5. Andere Innovationen brauchen zum Durchlaufen der Stufen 1 – 5 viele Jahrzehnte stetiger Entwicklung. Beispiele: Die Urankernspaltung wurde durch Hahn bereits 1938 nachgewiesen, die Stufe 5 des Innovationsprozesses – die verbreitete Anwendung – findet aber erst in den 70er Jahren statt. Heizkörper aus Aluminium wurden bereits vor etwa zehn Jahren in der BRD in kleinem Maßstab produziert, verschwanden danach aber vorübergehend vom Markt und weisen seit ca. zwei Jahren wieder stark ansteigende Umsätze auf. Mitte des vorigen Jahrhunderts wurde von Bessemer ein Verfahren zum Frischen von Stahl mit reinem Sauerstoff zum Patent angemeldet. Erst Anfang der 50er Jahre dieses Jahrhunderts wurde diese Idee in die Praxis umgesetzt (LD-Prozeß). Grund der Verzögerung: Sauerstoff in industriellem Maßstab sowie hochfeuerfeste Ofenauskleidung standen erst zu diesem Zeitpunkt zur Verfügung.

Für die technologische Vorhersage ist es von wesentlicher Bedeutung, daß klar definiert wird, auf welche Stufe des Innovationsprozesses sich die Vorhersage bezieht. In den ersten zwei bis drei Stufen wird der Verlauf der Innovation in erster Linie durch technische Momente bestimmt. Bei der Vorhersage kann man sich daher im wesentlichen auf die Erfassung technischer Faktoren beschränken.

Im Gegensatz dazu gewinnen bei den folgenden Stufen der Innovation neben rein technischen Aspekten wirtschaftliche, soziale, ökologische und auch politische Faktoren immer mehr an Einfluß und müssen dementsprechend bei der Vorhersage berücksichtigt werden.

Die Ausdehnung der Vorhersage auf die Innovationsstufen 4 – 7 stellt somit keine reine technologische Vorhersage mehr dar, ist aber für das technologische Assessment von besonderer Bedeutung.

Die verschiedenen Vorhersagetechniken

Oft wird unterschieden zwischen

- intuitiven Vorhersagen
- Trendstudien
- Strukturanalysen
- dynamischen Modellen

Neben dieser Einteilung wird sehr häufig auch zwischen explorierendem (d. h. forschendem oder erforschungsorientiertem) und normativem Vorhersagen unterschieden. Bei den explorierenden Vorhersagetechniken wird von einer Analyse der technischen Entwicklung bis in die Gegenwart ausgegangen und versucht, durch Extrapolation Informationen über die Technik der Zukunft zu gewinnen. Bei normativen technologischen Vorhersagen geht man von Zukunftsvorstellungen oder zukünftigen Zielen aus. Indem man sich gewissermaßen rückwärts an die Gegenwart heranarbeitet, wird festgestellt, welche Maßnahmen zu welchem Zeitpunkt zu ergreifen sind, um die vorgegebenen Ziele zu erreichen; dies bedeutet letzten Endes eine Überprüfung der Realisierbarkeit der angenommenen Zukunftsvorstellungen und somit eine Vorhersage über z. B. noch fehlende technologische Bausteine. Die normative Vorhersage kommt somit einer zielorientierten Planung bereits recht nahe.

Der Unterschied dieser beiden Vorhersageprinzipien läßt sich anhand eines Beispiels verdeutlichen: Geht man von der geschichtlichen Entwicklung der Reisegeschwindigkeit von Schienenfahrzeugen aus und schließt daraus auf deren Geschwindigkeit in zehn Jahren, so bedient man sich einer explorierenden Technik. Geht man dagegen von der Zielvorstellung aus, daß die Züge in zehn Jahren eine Reisegeschwindigkeit von z. B. 250 km/h haben werden und versucht danach abzuschätzen, welche Entwicklungen wann erforderlich sind, um dieses Ziel zu erreichen, so stellt dieses Vorgehen eine normative technologische Prognose dar. Während im ersten Fall also in erster Linie das *was* – was kann oder wird in Zukunft erreicht werden? – untersucht wird, muß man sich im zweiten Fall eingehend mit dem *wie* – wie können die vorgegebenen Zukunftsziele erreicht werden? – befassen. Es ist selbstverständlich, daß beide Verfahren sich gegenseitig nicht ausschließen, sondern sich vielmehr ausgezeichnet ergänzen. Im Regelfall beginnt man mit der explorierenden Vorhersage, obwohl auch die umgekehrte Sequenz sinnvoll sein kann.

Die Einbeziehung normativer Techniken in den Begriff der Vorhersage ist dann sinnvoll, wenn bei dem in Frage kommenden Projekt noch ungelöste Teilelemente enthalten sind (Apolloprojekt ca. 1965).

Intuitive Vorhersagetechniken

In dieser Gruppe werden diejenigen Methoden zusammengefaßt, bei denen die Intuition im Vordergrund steht, d. h. das Gefühl, die Meinung oder die unausgesprochene Erfahrung. Vergleicht man intuitive Vorhersagen mit solchen, die mit Hilfe systematischer Methoden, beispielsweise mit Trendanalysen, aufgestellt wurden, so zeigt sich häufig, daß die intuitive Vorhersage für die nahe Zukunft zu optimistisch, für die fernere Zukunft dagegen eher zu pessimistisch ausfällt (Jantsch 1967). Sodann ist daran zu erinnern, daß Intuition ohne jede besondere Systematik ein wesentliches Element in der Entscheidungsvorbereitung der meisten Unternehmen ist und vorerst bleiben wird.

Daß die Ergebnisse aller intuitiven Vorhersagen stark von den zufälligen Informationen fachlichen Wissens, ja sogar von der Lebenseinstellung des Vorhersagenden mitbeeinflußt werden, versteht sich von selbst. Um Fehlermöglichkeiten, die sich daraus ergeben, möglichst zu umgehen, empfiehlt sich, entweder intuitive Vorhersagen verschiedener Personen miteinander zu

kombinieren oder die Resultate mit solchen, die nach anderen Methoden erhalten wurden, zu vergleichen.
Intuitive Techniken können sowohl bei explorierenden als auch bei normativen Vorhersagen eingesetzt werden.

Brainstorming

Brainstorming ist in erster Linie eine Anregung für Intuition und Kreativität. Dabei wird die Diskussion einer Gruppe von Fachleuten und Nicht-Fachleuten angestrebt, bei der unbehindertes, freies Denken gefördert wird und hemmende Einflüsse soweit wie möglich ausgeschaltet werden.
Das Verfahren basiert im wesentlichen auf dem Grundgedanken, durch Hinzuziehung von Nicht-Fachleuten und durch vorübergehende Ausschaltung jeglicher Kritik eine oftmals vorhandene Problemblindheit zu umgehen und neue Ideen zu kreieren. In diesem Sinne werden weniger fundierte Vorhersagen als vielmehr Ansatzpunkte insbesondere für die explorierende Vorhersage gewonnen.
Eine Brainstorming-Sitzung sollte im allgemeinen nicht länger als etwa zwei Stunden dauern, die Zahl der Teilnehmer – außer dem Leiter des Brainstorming – sollte ca. sechs bis acht Personen betragen.
Die Grundregeln für die Durchführung der Diskussion sind:

- keine Kritik
- Unterbreitung aller Arten von Ideen
- das Ergebnis wird aus der Vielzahl der Ideen ausgewählt
- die brauchbar erscheinenden Ideen werden als Gemeingut der Arbeitsgruppe insgesamt behandelt und weiterverfolgt

Eine solche Sitzung sollte erst begonnen werden, wenn alle Teilnehmer das Problem genau kennen.
Zur Erläuterung schildern wir ein Beispiel aus dem Bereich der Automobilindustrie: Die Aufgabenstellung könnte beispielsweise lauten: Entwicklung eines neuen Systems zur Reinhal-

tung der Windschutzscheiben. Im Laufe einer Brainstorming-Sitzung kommen schließlich Dutzende von Vorschlägen zusammen (z. B. spezielle Luftdüsen oder wasserabweisender transparenter Kunststoffüberzug auf der Vorderseite etc.). Von diesen dienen die interessantesten als Ausgangspunkt für weitere detaillierte Vorhersagen.

Expertenbefragung

Um eine technologische Vorhersage zu erstellen, wird man im Regelfall sich zunächst an einen Fachmann auf dem betreffenden Gebiet wenden und ihn nach seiner Meinung über die voraussichtliche zukünftige Entwicklung fragen. Man muß sich aber über den begrenzten Wert dieses Vorgehens im klaren sein: So muß beispielsweise ein Experte auf einem bestimmten technischen Gebiet durchaus nicht gleichzeitig auch ein Experte auf dem Gebiet des Vorhersagens sein. Fachleute sind oft sogar als „befangen" zu bezeichnen, zumal frühere Erfahrungen und das Tagesgeschehen ihren Erfahrungsschatz ausmachen. Ebenso besteht die Gefahr, daß ein Experte auf dem einen Gebiet Entwicklungen auf benachbarten Gebieten zuwenig kennt und sie daher nicht genügend berücksichtigt.
Bringt man, um insbesondere die letztgenannte Schwierigkeit zu umgehen, eine ganze Gruppe von Experten zusammen und versucht durch Diskussion eine gemeinsame Vorhersage zu erarbeiten, so besteht die Gefahr, daß ein Beschluß weniger aufgrund der eigentlichen fachlichen Überlegungen zustandekommt als vielmehr einseitig durch starke Persönlichkeiten beeinflußt wird.
Die bisher behandelten Methoden stellen im eigentlichen Sinn noch keine strukturierten Vorhersagetechniken dar. Insbesondere zur Umgehung der zuletzt genannten Schwierigkeiten wurde ein spezielles Verfahren mit relativ genau beschriebenen Regeln entwickelt, die sogenannte Delphi-Methode.

Delphi-Studien

Unter der Delphi-Methode versteht man eine wiederholte Befragung von Experten mittels Fragebogen.*) Durch die Verwendung von Fragebogen wird eine Beeinflussung der einzelnen Fachleute durch starke Persönlichkeiten vermieden. Bei der Wiederholung der Befragung wird den Teilnehmern in anonymer Form das Ergebnis der vorangegangenen Fragerunde mitgeteilt und ihnen die Möglichkeit gegeben, sich noch einmal zu den bereits gestellten Fragen zu äußern bzw. ihre Meinung angesichts neuer Argumente zu revidieren. Durch dieses Vorgehen wird die Erzielung eines Konsensus angestrebt.

Die Delphi-Methode gestattet, die Vorteile der Zusammenarbeit in einer Gruppe auszunutzen, ohne deren Nachteile in Kauf nehmen zu müssen. Der zur Durchführung notwendige Zeitaufwand ist oft erheblich. Die Ergebnisse von Delphi-Studien sind stark von der neutralen Formulierung der Fragen sowie von der Zusammensetzung des Teilnehmerkreises abhängig. Eine interdisziplinäre Zusammensetzung ist anzustreben, möglichst sind auch einige „outsider“ einzubeziehen – eine Delphi-Studie nur von „Fachleuten“ durchführen zu lassen, kann aufgrund deren Fachblindheit sehr leicht irreführende Resultate ergeben.

Bei der Zusammensetzung des Teams muß insbesondere beachtet werden, ob die rein technische „Machbarkeit“ eines Produktes oder Verfahrens erfragt werden soll oder die tatsächliche Markteinführung untersucht wird. Im zweiten Fall sind auch solche Teilnehmer vorzusehen, die beurteilen können, ob zum vorhergesagten Zeitintervall überhaupt ein Marktbedürfnis für die betreffende Innovation vorhanden ist und ob sie unbeabsichtigte Nebeneffekte hat.

---

*) Die Delphi-Methode wurde 1973 durch die Rand Corp. in USA ausgearbeitet und anfänglich auf militärisch-politische Zukunftsfragen angewendet. Als die geistigen Väter der Delphi-Methode gelten Norman Dalkey und Olaf Helmer.

	Bedeutung %			realisierbar %		Realisierungszeit 1980 90 2000
	groß	mittel	klein	ja	nein	
Vollautomatisierte, integrierte Gieß-, Bearbeitungs- und Montagewerke werden in der Automobilindustrie verwirklicht werden.	32	57	11	93	7	
Hochfester Stahl mit 500 kg/mm² Zugfestigkeit wird entwickelt werden.	65	35	0	91	3	
Verwirklichung kontinuierlicher Herstellungsverfahren für Stahl.	59	40	1	100	0	
Verwirklichung kontinuierlicher Herstellungsanlagen für Kupfer.	11	80	9	100	0	
Erste industrielle Anwendung der Supra-Leitfähigkeit.	32	66	2	100	0	
Verwirklichung der Supraleitfähigkeit zur Energieübertragung.	38	57	5	93	7	
Einführung von Verfahren zur Herstellung superfeiner Pulverwerkstoffe im Mikro-Bereich.	32	63	5	100	0	

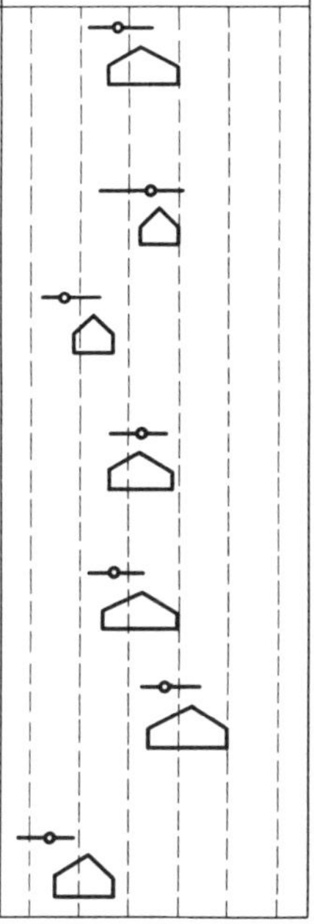

—o— Expertenmeinung ⌂ Allgemeine Meinung

Abb. 14 Ausgewählte Beispiele einer Delphi-Studie der Japan Techno Economic Society (eingetragen sind Median sowie unteres und oberes Quartil)

Im folgenden soll kurz auf eine Delphi-Studie der japanischen techno-ökonomischen Gesellschaft eingegangen werden. Diese sehr umfangreiche Studie – 640 Fragen wurden von insgesamt mehr als 3000 Personen verschieden hoher Spezialisierung beantwortet – umfaßt alle Bereiche, in denen Wissenschaft und Technik eine Rolle spielen:

soziale Entwicklung
Informationswesen
Medizin und Gesundheit

Nahrung und Landwirtschaft
Industrie und Ressourcen

Bei dieser Studie wurde die klassische Delphi-Methode zur Voraussage des Realisierungszeitraumes modifiziert durch zusätzliche Erfassung der den einzelnen Entwicklungen beigemessenen Bedeutung sowie der erwarteten Realisierbarkeit. Es wurden drei aufeinanderfolgende Befragungen durchgeführt. Einige interessante Resultate dieser Studie sind in Abb. 14 wiedergegeben. Diese technologische Vorhersage ist ebenso wie eine Anzahl ähnlicher durch folgende Beschränkung gekennzeichnet:
– Betrachtet werden Objekte, die in Stufe 1 – 3 des Innovationsprozesses stecken, und es wird versucht zu schätzen, wann sie nach Stufe 4 – 5 gelangt sein könnten (siehe dazu Seite 96)
– Kosten oder Marktbedürfnisse werden ungenügend oder gar nicht berücksichtigt

Trendstudien

Trendextrapolation
Die Extrapolation von Trends ist eine sehr häufig angewandte Vorhersagemethode; nach einer Umfrage der EIRMA (European Industrial Research Management Association, Paris) steht sie nach der Expertenbefragung an zweiter Stelle der am häufigsten in der Industrie angewandten Vorhersagetechniken.
Es wird dabei der Verlauf von Daten analysiert und der sich daraus ergebende Trend in die Zukunft extrapoliert, was entweder graphisch oder durch mathematische Kurvenanpassung geschehen kann.
Der gefundene Trend und damit auch die Extrapolation kann entweder
– linear sein, d. h. in gleichen Zeiträumen tritt jeweils das gleiche absolute Wachstum auf

- er kann exponentiell sein, d. h. in gleichen Zeiträumen tritt jeweils ein Wachstum um den gleichen Prozentsatz auf,
- oder der Trend kann eine beliebige andere Form aufweisen

Das Verfahren der Trendextrapolation basiert auf der Annahme, daß die Faktoren, die in der Vergangenheit eine Entwicklung bestimmt haben, auch in Zukunft erhalten bleiben und die Entwicklung in der gleichen Weise wie bisher beeinflussen werden. Dabei wird davon ausgegangen, daß keine Störung das Wechselspiel dieser Faktoren beeinflußt und damit die Entwicklung in andere Bahnen lenken würde. Die Abschätzung, ob solche Störungen vorhanden sind oder auftreten werden, muß sehr sorgfältig durchgeführt werden. Von ihr wird ganz wesentlich die Sicherheit der Vorhersage bestimmt. Der Vorhersagende muß sich sorgfältig vergewissern, daß die von ihm vorhergesagte Entwicklung nicht physikalische, ökologische oder wirtschaftliche Grenzen überschreitet, bei deren Erreichen völlig neue Gesetzmäßigkeiten einsetzen würden.

Die Anwendung der Trendextrapolation soll anhand der folgenden Beispiele noch näher erläutert werden: Abb. 15 zeigt die Entwicklung der Motorleistung von Automobilen in USA. Die sich anbietende einfache Extrapolation dieses Trends würde bereits für die kommenden 5 bis 10 Jahre zu sehr hohen Werten führen, die kaum verwirklicht werden dürften. Für diese Vermutung spricht unter anderem die sich bereits deutlich abzeichnende Knappheit an Treibstoffen, die nach sparsameren kleineren Motoren verlangt. Insgesamt ist jedoch ein ganzer Katalog verschiedenartigster Faktoren aus dem technischen wie dem wirtschaftlichen, sozialen, politischen und ökologischen Bereich zu beachten und ihr Einfluß auf die Motorleistung zu untersuchen.

Bei der Analyse von Trends gibt es noch eine Reihe von Verfeinerungsmöglichkeiten. Als erstes bietet sich an, nicht nur die Entwicklung eines einzelnen Faktors zu analysieren (wie in unserem Beispiel die Motorleistung), sondern eine ganze Reihe

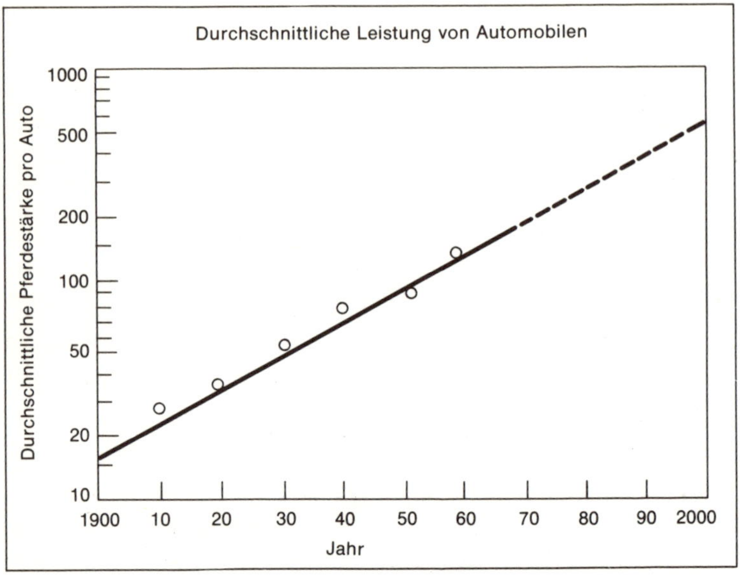

Abb. 15 Entwicklung der Motorleistungen von Automobilen in den USA

miteinander in Zusammenhang stehender Faktoren, etwa die Entwicklung des durchschnittlichen Gesamtgewichtes der Fahrzeuge, der Höchstgeschwindigkeit oder des Leistungsbedarfs für zusätzliche Einrichtungen wie Air-Conditioning etc.. Durch vergleichende Bewertung aller betrachteten Größen kann die Vorhersage der einzelnen an Sicherheit gewinnen.
Läßt sich zwischen zwei oder mehreren der untersuchten Faktoen ein quantitativer Zusammenhang nachweisen, so spricht man von einer *Trendkorrelation.* In diesem Fall kann man beispielsweise aus einer bereits vorhandenen oder leicht zu erstellenden Vorhersage der einen Größe unter Verwendung der bekannten Korrelation eine Prognose der anderen Größe gewinnen. Man kann dieses Verfahren beispielsweise zur Vorhersage des Wachstums eines Industriezweiges verwenden, indem man zunächst aus den historischen Daten den quantitativen Zusammenhang zwischen dem Wachstum der entsprechenden Industrie

und dem Wachstum des Bruttosozialproduktes bestimmt und mit Hilfe dieser Korrelation aus Wachstumsvorhersagen für das Bruttosozialprodukt Prognosen für den untersuchten Wirtschaftszweig erhält.
In anderen Fällen läßt sich ein zeitlicher Zusammenhang zwischen der Entwicklung einzelner Faktoren feststellen, d. h., die Entwicklung der einen Größe verläuft zu der der anderen zeitlich verschoben. Kennt man nun den Verlauf des sogenannten Vorläufereignisses („precursor"), so kann man daraus auch auf die zukünftige Entwicklung des ihm folgenden Ereignisses schließen.
Zur Demonstration einer solchen Abhängigkeit wird häufig die Entwicklung der maximalen Fluggeschwindigkeit ziviler Flugzeuge mit der von Militärflugzeugen verglichen (Abb. 16). Ein so deutlicher Zusammenhang, wie er in diesem Falle besteht, ist allerdings recht selten anzutreffen.
Eine andere Möglichkeit der Trendextrapolation ist die Verwendung von sogenannten *Hüllkurven.* In diesem Falle liegt das Schwergewicht der Betrachtung nicht auf der Untersuchung einer einzelnen Technologie, sondern einer ganzen Gruppe von Technologien, die alle dieselbe Funktion erfüllen.
Während eine einzelne Technologie zu einem bestimmten Zeitpunkt keine weitere Verbesserung mehr erfahren kann, tritt an ihre Stelle eine neue Technologie, die die geforderte Funktion besser erfüllt. Ein häufig angeführtes Beispiel ist die Entwicklung der von den Menschen mit verschiedenen Mitteln erreichten Geschwindigkeiten, angefangen von der Pferdebahn bis hin zur Raketentechnik (Abb. 17).
Verfolgt man die Entwicklung verschiedener Technologien, so wird man feststellen können, daß diese häufig einer besonderen Gesetzmäßigkeit, genannt „Wachstumskurve", folgt. Nach anfänglich beschleunigtem Wachstum folgt eine Phase gleichmäßigeren Wachstums, dem sich nach einem Wendepunkt eine Phase kontinuierlicher Abnahme anschließt. Eine solche Ent-

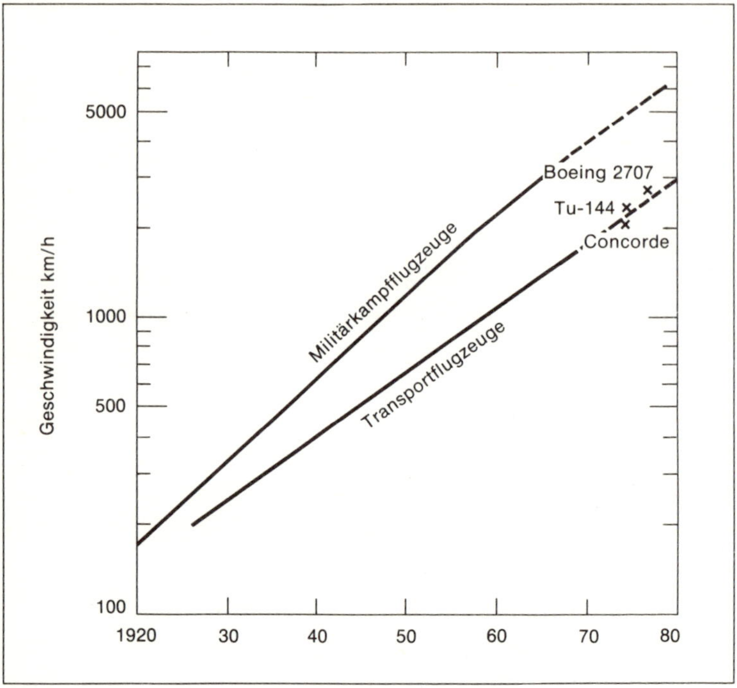

Abb. 16 Trendextrapolation durch Vorläufer-Ereignis (n. Martino)

wicklung entspricht einer allgemeinen Wachstumskurve, und man versucht daher, eine *Analogie* zwischen dieser und der technologischen Entwicklung herzustellen und mit ihrer Hilfe zu Vorhersagen zu gelangen. Für die Form der Wachstumskurve gibt es verschiedene Modelle, die entsprechend dem speziellen Anwendungsfall auszuwählen sind. Große Industriegruppen beobachten für ihre Hauptmärkte insbesondere ihre Position auf der bereits in Abb. 12 dargestellten Kurve.

Eine besondere Form von Wachstumsanalogien läßt sich häufig bei der Verfolgung von *Substitutionsvorgängen* feststellen. Fischer und Pry haben z. B. eine Reihe von Substitutionsvorgängen untersucht, in denen eine neue Technologie eine bestehende ohne wesentliche Änderung der Funktion allmählich ersetzt.

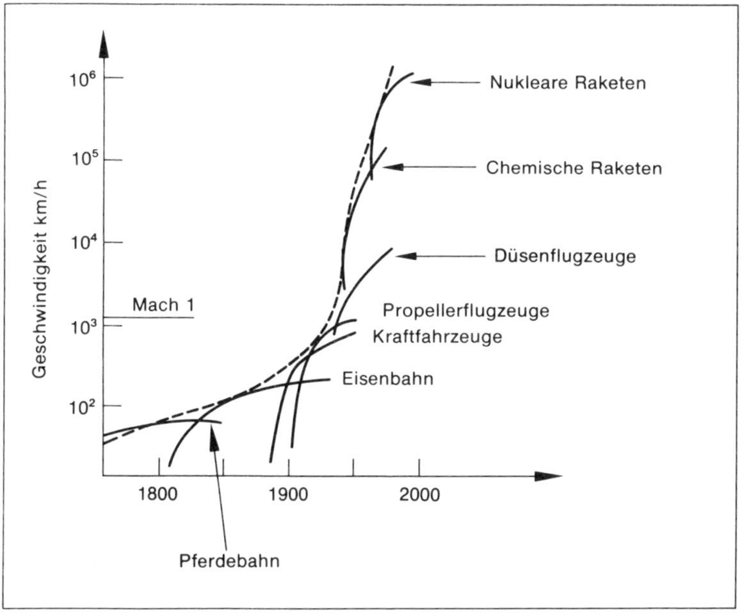

Abb. 17 Hüllkurven-Extrapolation (nach Jantsch)

In allen diesen Fällen konnten sie zeigen, daß der Substitutionsvorgang der gleichen mathematischen Gesetzmäßigkeit folgt wie eine Wachstumskurve.

Zur Erstellung einer konkreten Prognose unter Ausnutzung dieser Erkenntnis ist es erforderlich, die ersten Etappen des Substitutionsprozesses zu kennen, sowie einen oberen Grenzwert für die Substitution festzulegen (oftmals schwierig und mit Unsicherheiten behaftet). Durch graphische oder auch mathematische Extrapolation der vorhandenen Daten läßt sich dann auf den weiteren Verlauf der Substitution schließen. So einfach dieser Vorgang auch ist, wie bei jeder Extrapolation hat man sich jedoch auch hier sehr sorgfältig zu vergewissern, daß nicht zusätzliche Faktoren neu hinzukommen und das bisherige Wechselspiel der Kräfte, die den Substitutionsvorgang auslösten, in unerwarteter Weise beeinflussen.

Strukturanalysen

Bei den im folgenden beschriebenen strukturellen Analysen steht die normative Denkweise im Vordergrund. Man geht von einer Aufgliederung des Gesamtproblems in Einzelprobleme aus und versucht durch Untersuchung dieser Einzelprobleme Rückschlüsse auf das Ganze zu gewinnen.

Matrizen

Das typische Merkmal der Anwendung von Matrizen ist die graphische Gegenüberstellung der untersuchten Faktoren eines Problems und die Prüfung sämtlicher sich ergebender Kombinationen. Je nach Aufgabenstellung können die ins Auge gefaßten Kriterien völlig unterschiedlicher Natur sein. Es gibt somit eine Vielzahl von Möglichkeiten, Matrizen in allgemeiner Form zur Strukturierung von Problemen zu verwenden.

Ein typisches Beispiel ist die sogenannte *morphologische Analyse* (nach Zwicky). Hierbei wird eine Matrix aufgestellt, die sämtliche theoretisch denkbaren Kombinationen von Lösungselementen eines Problems enthält. Als Beispiel ist in Tab. 4 eine solche Matrix schematisch für Pflanzenschutzmittel dargestellt.

Tabelle 4. Morphologische Matrix Pflanzenschutzmittel

	1	2	3
A Vernichtung von	Insekten	Pilzen	Unkraut
B Wirkunsgweise	chemisch	Biologisch	physikalisch
C Aggregatzustand	fest (Pulver, Staub)	flüssig	gasförmig
D Anwendungszustand	verdünnt	unverdünnt	–
E Anwendungsweise	Einbringen in Boden	Aufbringen auf Boden	Aufbringen auf Pflanzen
F Wirkungsdauer	bis 1 Monat	bis 1 Jahr	länger

Der Fall des DDT wäre hier durch die Kombination der Elemente A1 – B1 – C2 – D2 – E3 – F3 gekennzeichnet. Wie schon aus diesem noch keineswegs vollständig ausgeführten Muster hervorgeht, steigt die Zahl der Kombinationsmöglichkeiten – und damit der Aufwand bei der Auswertung – sehr schnell an, im vorliegenden Fall wären es bereits 3 x 3 x 3 x 2 x 3 x 3 = 486 Lösungskombinationen. Viele dieser Lösungen können allerdings sehr bald als unrealisierbar erkannt und aus der weiteren Betrachtung ausgeschlossen werden. Aus den verbleibenden Lösungen können durch verschiedene Sieboperationen diejenigen herausfiltriert werden, die besonders vielversprechend für die weitere Verfolgung sind.

Tabelle 5. Schematisches Beispiel einer cross-impact-Analyse

Falls dieses Ereignis eintritt . .			. . . werden diese Ereignisse wie folgt beeinflußt:			
Ereignis Nr.	Bezeichnung	ursprüngliche Wahrscheinlichkeit für das Jahr 1980	Ereignis Nr. I	II	III	IV
I	Rohölpreise steigen um 30% gegenüber 1974	0,5	–	– 5	+1	+5
II	Energieverbrauch steigt mit 7%/Jahr	0,8	+5	–	+2	+5
III	20% der elektrischen Energie werden von Atomkraftwerken geliefert	0,8	–2	0	–	–1
IV	Einführung der Gasifizierung von Kohle in großtechnischem Maßstab	0,7	–1	+1	0	–
			+2	– 4	+3	+9

Bewertungsskala:
von negativ (Verringerung) –5
bis positiv (Steigerung) +5

Die morphologische Methode ist als Kreativitätshilfe etwa mit dem Brainstorming vergleichbar. Im Gegensatz zu diesem weist sie jedoch eine ausgeprägte Systematik auf, die die Erzielung reproduzierbarer Ergebnisse ermöglicht.

Eine weitere Anwendung von Matrizen findet sich in der sogenannten *Cross-Impact-Analyse.* Basierend auf dem Grundgedanken, daß jede Entwicklung einer Technologie auch andere Technologien beeinflußt, wird hierbei die mögliche gegenseitige Wechselwirkung der vorhergesagten Entwicklungen untersucht. Die typische Fragestellung bei diesem Verfahren lautet: „Wie wird die Wahrscheinlichkeit des Eintreffens von Ereignis A beeinflußt, falls Ereignis B eintritt?“ Im konkreten Fall geht man von einem Satz von unabhängig voneinander aufgestellten Vorhersagen aus und bewertet den Einfluß jedes einzelnen Ereignisses auf alle anderen Vorhersagen. In Tab. 5 ist eine solche Bewertung an Hand eines stark vereinfachten Beispiels aus dem Energiebereich dargestellt. Die Summierung der Bewertungen ergibt einen ersten Anhaltspunkt, in welcher Weise die einzelnen Vorhersagen durch den cross-impact oder cross-support beeinflußt werden.

In unserem Beispiel ergibt sich auf diese Weise eine deutliche Stützung der Voraussage bezüglich der Kohlegasifizierung, während die Annahme des Energieverbrauchs eher zu hoch liegen dürfte.

Es gibt eine Reihe von Verfeinerungen der hier beschriebenen Methode, beispielsweise, um mit Hilfe von elektronischen Datenverarbeitungsanlagen aus einer ursprünglichen Wahrscheinlichkeitsverteilung einer Prognose eine neue, den verschiedenen „cross-impacts“ Rechnung tragende Verteilung zu bestimmen. Auch hier wird jedoch die Bewertung des „cross-impacts“ stets subjektiv sein.

Eine erhebliche Bedeutung kommt der Auswahl der betrachteten Prognosen zu. Nicht berücksichtigte, aber relevante Entwicklungen können ganz erhebliche Veränderungen der prognostizierten Entwicklungen verursachen. In unserem Muster in Tab. 5 wurde beispielsweise Entwicklungen auf dem Finanzgebiet – Handelsbilanzdefizit bei stark ansteigenden Rohölimporten oder Finanzierungsprobleme beim Bau der erforderlichen neuen Kraftwerke – nicht Rechnung getragen. Einflüsse dieser Art werden jedoch den Energieverbrauch in Zukunft ganz erheblich beeinflussen. (Siehe auch Kapitel IX)

Relevance Trees (Entscheidungs-Bäume)

Ebenso wie Matrizen können auch „Bäume" zur Strukturierung von Problemen dienen. Dabei werden beispielsweise Ziele, Aufgaben und Funktionen in hierarchischen Ebenen gegliedert und die Elemente in den einzelnen Ebenen entsprechend ihren logischen Verzweigungen miteinander verknüpft. Solche Bäume können dazu verwendet werden, neue Ideen für Produkte oder Systeme aufzufinden; in diesem Fall spricht man von „perspective trees".
Eine andere Anwendung ist die Erstellung von Prioritäten, beispielsweise von Forschungsprojekten oder Entwicklungszielen. In diesem Fall werden die einzelnen Elemente des Baumes entsprechend der ihnen beigemessenen Bedeutung mit einer Wertung versehen. Das Produkt dieser Einzelbewertungen kann dann als Anhalt für die Bedeutung der verschiedenen Vorgehensweisen dienen.
Abb. 18 gibt ein Beispiel für die Anwendung eines „relevance-trees". Hier wurde als Ausgangspunkt die Zielsetzung „Ausweitung der Geschäftstätigkeit" angenommen. Aus dieser ergeben sich die verschiedenen möglichen Strategien durch Kombination der Parameter alte/neue Produkte und alte/neue Märkte.
In der darunterliegenden Ebene sind die verschiedenen Vorgehensweisen zusammengestellt, die zur Realisierung dieser Strategie angewendet werden können. Die einzelnen Elemente des Baumes wurden schematisch mit einer Wertung versehen, wobei diese Wertung normiert ist, d. h. die Summe der Bewer-

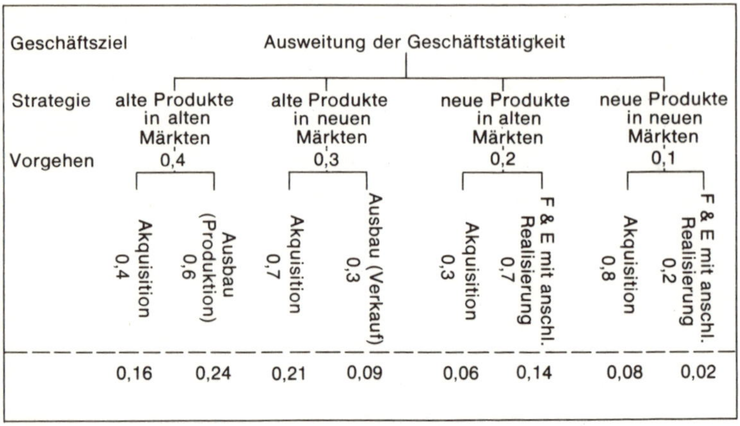

Abb. 18 Schematisches Beispiel eines Relevance-Trees

tungen zusammengehörender Elemente einer Ebene ergibt jeweils 1,0. Zur Auswertung dieser „relevance-trees" werden die Bewertungsziffern der einzelnen Linienzüge miteinander multipliziert. Aus den Ergebnissen läßt sich eine Rangfolge der Bedeutung der einzelnen Vorgehensweisen ableiten.

Wie die Verwendung von Matrizen erfordert auch der Aufbau eines „relevance-trees" die kritische Untersuchung und Bewertung sämtlicher Alternativen zur Verfolgung eines vorgegebenen Zieles. Bei quantitativer Bewertung sollte jedoch die Bedeutung der erhaltenen Zahlenwerte nicht überschätzt werden, da es sich in jedem Falle um subjektive Bewertungen handelt. Der in unserem Beispiel beschriebene „relevance-tree" wurde zur besseren Übersichtlichkeit so einfach wie möglich gehalten. Bei der Erarbeitung einer umfangreichen Analyse dieser Art mit 5 oder 6 Ebenen steigt die Anzahl der zu untersuchenden Verzweigungen und damit der Arbeitsaufwand sehr stark an.

Dynamische Modelle

Mit „dynamic modeling" bezeichnet man die Nachbildung des dynamischen Verhaltens eines realen Systems mit Hilfe eines

– meist mathematischen – Modells. Kennzeichnend für solche Modelle sind sogenannte Rückkopplungsschleifen, welche es ermöglichen, die Auswirkungen einer Entwicklung gleichzeitig als Bestimmungsgröße für ihre Verursachung zu behandeln. Ein einfaches Beispiel einer solchen Rückkopplung ist die bekannte – vereinfachte – Lohn-Preis-Spirale: Ein Steigen der Löhne verursacht steigende Kosten und damit steigende Preise, die wiederum zur Forderung nach höheren Löhnen führen.

Entsprechend der Struktur des nachzubildenden Systems wird aus einer Vielzahl solcher Regelkreise ein komplettes System quantifizierter mathematischer Beziehungen aufgestellt und durch Überprüfen mit historischen Daten möglichst gut den tatsächlichen Gegebenheiten angepaßt. Dieses Modell ist dann in der Lage, das Verhalten des durch die gewählten Kenngrößen charakterisierten realen Systems zu simulieren sowie dessen zukünftige Entwicklung vorherzusagen. Bei dieser Vorhersage können die historischen Abhängigkeiten entweder unverändert übernommen werden oder auch verändert werden, um neuen Entwicklungen oder Maßnahmen Rechnung zu tragen.

Wohl die bekannteste Anwendung dieses noch recht jungen Verfahrens ist die Studie „The Limits to Growth", die am Massachusetts Institute of Technology (MIT) unter der Leitung von Dennis Meadows durchgeführt wurde. Aufbauend auf Forresters „System Dynamics" wurde in dieser Studie ein Modell für fünf globale Komplexe entwickelt, nämlich für Bevölkerung, Industriekapital, Nahrungsmittelerzeugung, Reserven nicht ersetzbarer Rohstoffe und Umweltverschmutzung. Um die betrachteten Elemente in diesen Bereichen zueinander in Beziehung zu setzen, wurden über hundert, zumeist nichtlineare Gleichungen und Differentialgleichungen aufgestellt.

Ein Auszug aus dem in dieser Studie untersuchten System von Regelkreisen ist in Abb. 19 dargestellt. Dieses Beispiel zeigt die Wechselwirkungen zwischen Bevölkerungszahl und Industriekapital, die sich über die Faktoren landwirtschaftlich genutztes Ka-

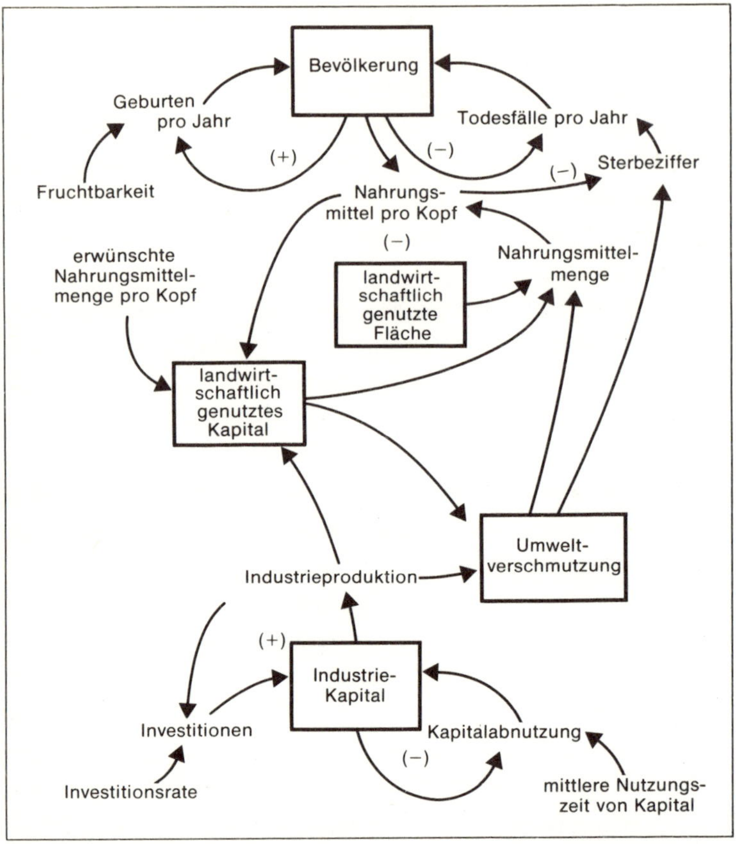

Quelle: Meadows, Grenzen des Wachstums

Abb. 19 Rückkopplungsschleifen für Bevölkerung, Kapital, Landwirtschaft und Umweltverschmutzung

pital, bebautes Land und Umweltverschmutzung auswirken. Die Pfeile verlaufen jeweils von der Ursache zur Wirkung. Die Wechselwirkungen können stark oder schwach, positiv oder negativ, unmittelbar oder verzögert sein, je nach den Annahmen, die man für jede Computersimulation trifft.

Wie bei vielen Anwendungen dynamischer Modelle, war auch bei dieser Studie das Hauptziel nicht die Erstellung einer punktuellen Prognose, d.h. z.B. daß im Jahr X die Erdbevölkerung einen Wert Y erreiche, sondern vielmehr die Abschätzung der Wirksamkeit alternativer Maßnahmen, beispielsweise zur Geburtenkontrolle, zum sparsameren Gebrauch von knappen Rohstoffen oder zum Schutze der Umwelt. In diesem Sinne ist das wichtigste Ergebnis dieser Studie die Erkenntnis, daß krisenhafte Entwicklungen in weiten Bereichen der Erde nicht durch Einzelmaßnahmen abgewendet werden können, sondern allein durch ein ganzes Bündel von sorgfältig aufeinander abgestimmten und rechtzeitig genug ergriffenen Maßnahmen.

Angesichts der allgemeinen Bedeutung der in diesem Bericht untersuchten Themen ist es nicht verwunderlich, daß er breites öffentliches Interesse, aber auch zahlreiche Kritiker gefunden hat. Ohne auf die teilweise stark emotionell gefärbte Kritik im einzelnen einzugehen, soll hier nur festgehalten werden, daß es sich bei dieser Studie um einen zweifellos wirksamen Denkanstoß handelt, der vielseitige Möglichkeiten der Weiterführung und Verbesserung offen läßt.

In diesem Sinne wurde z. B. von den Professoren E. Pestel in Hannover und M. Mesarovic in USA ein Computermodell entwickelt, das sich insbesondere durch folgende Merkmale von dem am MIT verwendeten unterscheidet:

– Gliederung in verschiedene Regionen mit ähnlichem Lebensstandard und ähnlichen Problemen

– Anstelle eines automatischen Ablaufs nach Eingabe von Anfangswerten Einbau von Inputs seitens regionaler Entscheidungsträger während der Operation des Modells (interactive mode)

– Dadurch bessere Berücksichtigung adaptiver Mechanismen der menschlichen Gesellschaft z. B. an Veränderungen von Zielen und Wertvorstellungen.

Dieses auf der „Theorie Hierarchischer Systeme“ basierende Modell soll als aktives Planungsinstrument zur Beeinflussung der weiteren Entwicklung der Welt benutzt werden können. Es

wurde vor kurzem unter dem Titel „Menschheit am Wendepunkt“ als zweiter Bericht an den Club of Rome veröffentlicht. Obwohl die hier beschriebenen Modelle vor allem der Betrachtung globaler Probleme gewidmet waren, gibt es doch auch Beispiele, die zeigen, daß sich das „dynamic modelling“ auch für die Untersuchung spezifischer Bereiche eines Industrieunternehmens eignet. So gibt es u.a. ein Modell, das zur Festlegung der Forschungspolitik dienen soll.
Angesichts der erheblichen Schwierigkeiten und des beträchtlichen Aufwandes zur Erarbeitung dynamischer Modelle ist es jedoch verständlich, daß sich ihre Anwendung bisher auf Einzelfälle beschränkt.

2. Technology Assessment

Technologische Gesamtbewertung (Technology Assessment) als Element der Technologie-Planung

Technology Assessment kann wie folgt definiert werden:
„Technology Assessment ist die systematische Analyse der tatsächlichen und potentiellen Auswirkungen oder Nebenwirkungen einer spezifischen Technologie sowie alternativer Lösungen auf Umwelt, Gesellschaft oder Wirtschaft unter besonderer Beachtung unbeabsichtigter, indirekter oder verzögerter Folgen.“
Diese technologische Gesamtbewertung wurde im Jahr 1966 zum ersten Mal im amerikanischen Kongreß als neuer Begriff unter dem Namen „Technology Assessment“ eingeführt und hat seit Anfang der 70er Jahre auch in Europa zunehmend Beachtung gefunden. Im Herbst 1972 wurde nach mehrjährigem Tauziehen und gegen erheblichen Widerstand, insbesondere aus Kreisen der amerikanischen Industrie, das Office of Technology Assessment (OTA) in Washington gegründet, dem seit 1974

etwa 50, späterhin 100 Fachleute aus verschiedensten Disziplinen als technologische Berater zur Verfügung stehen.

Das OTA soll für die gesetzgeberischen Instanzen in Washington insbesondere drei Funktionen erfüllen:

1. Frühwarnsystem, um mögliche schädliche Auswirkungen bestehender oder geplanter Anlagen, Verfahren oder Produkte zu erkennen.
2. Abwägung alternativer Lösungen zur Erreichung der gleichen oder einer gleichwertigen Zielsetzung. Je nach dem festgestellten ökologischen, sozialen und politischen Profil können gesetzgeberische Maßnahmen durch die Legislative resultieren. Diese können z. B. spezielle Steuern oder die Begünstigung wünschenswerter Technologien umfassen.
3. OTA soll den Gesetzgeber bezüglich förderungswürdiger Projekte beraten, bei denen die Regierung dann im Stadium der Forschung und Entwicklung oder aber der Realisierung erhebliche Mittel zuschießt.

Anfänglich war die Reaktion bei der Industrie gegenüber dem Technology Assessment und insbesondere gegenüber der Errichtung eines speziellen Amtes eher feindselig. Inzwischen beginnt sich aber vermehrt die Erkenntnis durchzusetzen, daß ein Technology Assessment dazu beiträgt, unerwünschte Nebenwirkungen neuer Produkte oder Verfahren klarzustellen und zu vermeiden. Somit spielt die technologische Gesamtbewertung auch im Marketing eine bedeutende Rolle, nachdem positive ökologische oder soziale Auswirkungen einen hohen Stellenwert erlangt haben.

Die technologische Gesamtbewertung ist kein vollständig neues Element der Planung. Auch in der Vergangenheit wurden selbstverständlich die Folgen technologischer Entwicklungen möglichst frühzeitig analysiert und bewertet. Während jedoch bisherige Untersuchungen dieser Art oftmals auf ein begrenztes Gesichtsfeld beschränkt waren, ist es das Anliegen des heutigen Technology-Assessment, enge Begrenzungen zu durchbrechen, damit im weitesten Sinne mögliche ökologische und soziale Auswirkungen berücksichtigt werden. Neu am Technology Assessment ist somit der weitgesteckte Rahmen sowie das Ziel, derartige Untersuchungen zu systematisieren und teilweise auch zu institutionalisieren.

Es ist kennzeichnend für die bisherige Entwicklung des Technology Assessment, daß die Mehrzahl der bis heute durchgeführten Studien ihr Schwergewicht auf ökologische Auswirkungen legten. Soziale Folgen einer technologischen Entwicklung wurden bisher in weit geringerem Ausmaß analysiert.

Die Hauptsache hierfür dürfte sein, daß eine auch nur annähernd objektive und quantitativ ausdrückbare Bewertung sozialer Werte bisher praktisch nicht existiert. Hier Abhilfe zu schaffen, beispielsweise durch Erarbeitung sogenannter sozialer Indikatoren, dürfte ein gemeinsames Hauptanliegen von Technologen und Soziologen für die nahe Zukunft sein. Eine typische Fragestellung wäre z. B.: Welchen Wert (in DM) hat eine Wohnung in einer Großstadt mit starker Umweltbelastung gegenüber einer Wohnung auf dem Lande, oder wie ist der Individualverkehr gegenüber vermehrtem Einsatz von Massenverkehrsmitteln im Assessment zu bewerten?

Ein Kennzeichen vieler bisheriger Technology Assessments ist sodann der Umstand, daß sie erst in Angriff genommen wurden, als bereits erste Probleme zu Tage traten (beispielsweise Luftverschmutzung durch Automobilabgase oder schwefelhaltige Brennstoffe, Kühlung von Kernkraftwerken, Pestizide, Abfallbeseitigung). Solche problemorientierten Studien entsprechen eigentlich nicht dem Grundgedanken des Technology Assessment, der gerade die rechtzeitige Erkennung, Vorbeugung und damit Vermeidung von Problemen fordert. Diese Forderung kann nur dann erfüllt werden, wenn Assessments so frühzeitig wie möglich durchgeführt werden, d. h. bevor irgendwelche aktuellen Probleme auftreten. Diese Art von Untersuchungen wird als „Technologie-orientiertes“ Assessment bezeichnet.

Technology Assessment im Dreieck der Kräfte

Das technologische Assessment findet als interdisziplinäre Teamarbeit im Dreieck Öffentlichkeit, Regierung und Industrie statt.
In Abb. 20a haben wir durch einen Kreis jeweils das Ausmaß der öffentlich bekanntgegebenen Aktivitäten der 3 Partner gekennzeichnet, welche sich mit einer speziellen Frage, also beispielsweise einem neuen Hüttenbetrieb oder einem Kernkraftwerk befassen. Im vorliegenden Beispiel sind Regierung, Öffentlichkeit und die in Frage kommende Industrie gleichermaßen dabei, zu der angeschnittenen Frage öffentlich Stellung zu nehmen, und wir können hier daher von einem gewissen Gleichgewicht der Kräfte sprechen. Insbesondere ist festzuhalten, daß in den sich überlappenden Bereichen die Partner jeweils ein gleichwertiges Mitspracherecht haben.
Für die Regierung können wir z. B. ein „OTA" einsetzen, für die Öffentlichkeit eine Bürgerinitiative. Dieses Kräftedreieck gilt nicht nur für die Errichtung neuer Fabriken oder für die Bewertung von Nutzen und Schaden der Automobile, sondern auch für betriebsinterne technologische Probleme wie z. B. Arbeitsplatzhygiene. Im letztgenannten Fall kann die Teilnahme der Öffentlichkeit über die Arbeitnehmer oder eine Berufsvertretung erfolgen.
In jedem Fall ist es wichtig, daß der Kreis diejenigen Aktivitäten kennzeichnet, die öffentlich zugänglich sind. In Abb. 20b haben wir einen Fall skizziert, der häufig vorkommt, indem nämlich die Industrie in ihrer technologischen Gesamtbewertung zu wenig an die Öffentlichkeit gelangt oder zu spät in Aktion tritt.
Dies war bekanntlich in USA beim Assessment der Auswirkungen des Automobils der Fall und führte dazu, daß zunächst die Öffentlichkeit und danach die Regierung die Hauptaktivität wahrnahm. Als Resultat sieht sich nunmehr die Automobilindu-

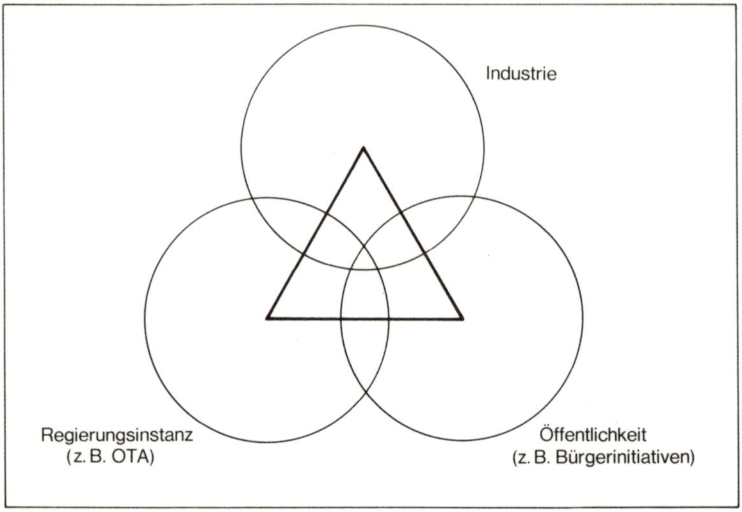

Abb. 20a Ausgewogenes Kräfteverhältnis der an einem TA beteiligten Partner (Der Durchmesser der Kreise entspricht dem Ausmaß der öffentlich dargelegten Argumente)

Abb. 20b Ungleichgewicht beim TA durch Dominieren der Regierungsinstanz (Beispiel: Automobilabgasentgiftung in USA 1970/71)

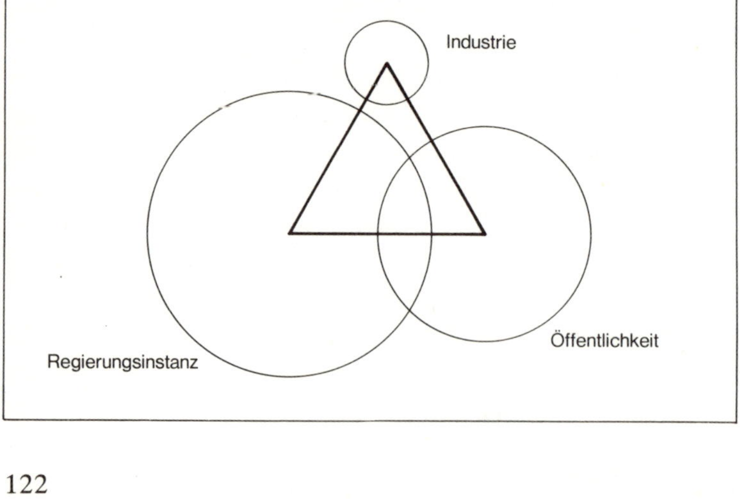

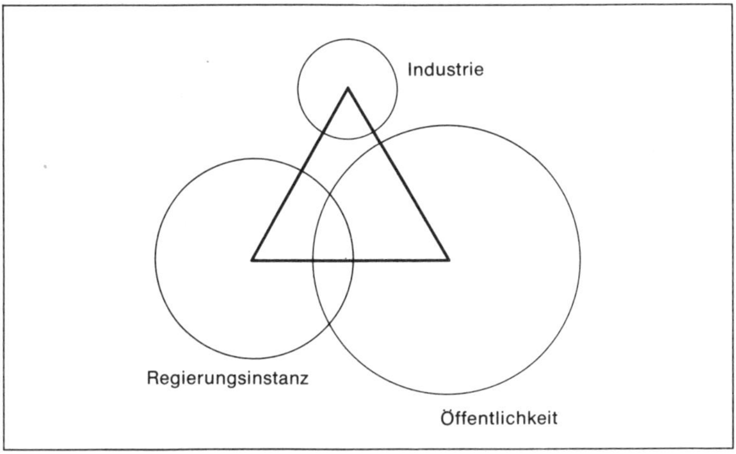

Abb. 20c Ungleichgewicht beim TA durch Dominieren der Öffentlichkeit (Beispiel: Bau von Atomkraftwerken)

strie in USA mit einer feindseligen Haltung der Konsumenten und mit kaum erfüllbaren Regierungsvorschriften konfrontiert. Ähnlich ergeht es in den Vereinigten Staaten aber auch großen Betrieben der Metallindustrie, beispielsweise den Eisengießereien, den Kupfer-Hütten und in mancher Beziehung auch den Aluminium-Hütten, welche erst relativ spät ihre Technologie-Folgenabschätzung an die Hand genommen haben. Ein verspätetes Assessment hat nicht nur den Nachteil, daß inzwischen Öffentlichkeit und Regierung über die zu treffenden Maßnahmen weitgehend beschlossen haben, sondern auch den, daß ein verspätetes Assessment seitens der Industrie auch verfahrenstechnisch große Nachteile haben kann.

So müssen jetzt z. B. amerikanische Kupfer-Hütten ihre Emissionen an Schwefeldioxyd drastisch reduzieren. Dies bedingt Investitionen von über 300 Millionen Dollar, und zwar in Form von aufgepfropften Reinigungsanlagen, auch genannt „end of the pipe measures“. Für einen gleichen Betrag hätte die Kupfer-Industrie schon seit Jahren ein geschlossenes System der Kupfer-Erz-Verhüttung entwickeln können, wie dies in neuerer

Zeit in Japan geschehen ist. Allerdings kommt diese Lösung im Hinblick auf den für Emissionsvorschriften einzuhaltenden Zeitplan für viele amerikanische Betriebe zu spät.

Wir vertreten daher die Auffassung, daß die Industrie im Rahmen der *Gesamtplanung* des Unternehmens mit dem technologischen Assessment vorangehen sollte und dies nicht den Behörden und der Öffentlichkeit überlassen sollte.

Oftmals dominiert unter den drei Partnern auch die Öffentlichkeit (Abb. 20c). Man spricht dann von einem sogenannten Public Assessment, wie es beispielsweise bei der Standortwahl eines Kernkraftwerkes, bei der Frage der Automobilabgase oder beim Verbot von Überschallverkehrsflugzeugen in den USA deutlich festzustellen war.

Gerade der Fall des Public Assessment verdeutlicht einen weiteren Aspekt der unterschiedlichen Beteiligung der Assessment-Partner: Obwohl die Öffentlichkeit häufig sehr heftig gegen oder für eine bestimmte Technologie Stellung nimmt, ist ihr sachliches Wissen in vielen Fällen eher beschränkt. Demgegenüber ist das Wissen um Details und komplexe Zusammenhänge oftmals vor allem in der Industrie zu finden – ein Grund mehr, dass sich die Industrie vermehrt bei der Durchführung von Assessments engagiert.

Für jeden der an einem Assessment Beteiligten gibt es eine Reihe von Gründen für seine aktive Mitarbeit an solchen Untersuchungen, auf die im Folgenden näher eingegangen werden soll.

Warum ist die Geschäftsführung größerer Industriefirmen am Technology Assessment interessiert?

- Um zukünftige Probleme zu vermeiden
- Als Grundelement neuer Investitionen oder Forschungsprogramme
- Um neue Märkte für z. B. umweltfreundliche Produkte zu eröffnen
- Um das Image der Firma zu verbessern.

Für viele Firmen, die dem Spannungsfeld des Umweltschutzes ausgesetzt sind, kann ein rechtzeitiges Technology Assessment zur vitalen Frage werden. Wenn Firma A sich der durch Regierung und/oder Öffentlichkeit vorgezeichneten ökologischen Nische besser anpaßt als Firma B, so wird dies bereits in kurzer Zeit zum Nachteil von Firma B sein.
Ein typisches Beispiel findet sich im Waschmittelsektor, wo die Hausfrauen bereits umweltfreundliche Produkte bevorzugen.

Was bedeutet Technology Assessment für den durchschnittlichen Bürger?

Generell hat die Öffentlichkeit ein gewisses Mißtrauen gegenüber der Ausweitung des ungehemmten Konsums oder gegenüber der weiteren Industrialisierung bereits hochentwickelter Regionen. Das öffentlich durchgeführte Assessment (public participatory assessment) ergibt für Interessengruppen oder lokale Bevölkerungsschichten eine Möglichkeit, Druck auf Behörden und/oder Industrie auszuüben.

Welche Bedeutung hat das Technology Assessment für die Regierung?

– Parlamentarier und Minister müssen weitreichende Entscheidungen oftmals auf Grund ungenügender Informationen über die Auswirkungen einer Technologie fällen. Das Technology Assessment wird daher als Entscheidungsvorbereitung willkommen sein. Insbesondere bei kostspieligen Zukunftsprojekten bildet für Regierungsinstanzen ein gründliches Technology Assessment den Grundpfeiler der Entscheidungen. Hierzu gehört der Städtebau, das Verkehrswesen sowie die Energieversorgung, alles technologische Bereiche, in denen sich eine Vielzahl von Alternativen darbietet, welche nicht allein nach finanziellen oder politischen Kriterien gegeneinander abgewogen werden können. Um die Ökonomie des Landes nicht unnötig zu gefährden, wird jede Regierung bemüht sein, die Konsequenzen aus dem Technology Assessment maßvoll und schrittweise einzuführen.

– Verunreinigungen von Gewässern oder der Luft können über Grenzen hinweg erhebliche Auswirkungen zeigen. Das Technology Assessment ist daher ein wichtiges Bindeglied für die Harmonisierung von Vorschriften in Nachbarländern, also z. B. innerhalb der EG, um Konkurrenzverzerrung und störende Diskrepanzen beispielsweise im Sektor Umweltschutz zu vermeiden.

Allgemeine Schlußfolgerungen

Faßt man diese kurze Betrachtung des Dreieckes, innerhalb dessen sich das Technology Assessment abspielt, zusammen, so erkennt man, daß im Rahmen des Technology Assessment durch Aufbau einer neuen Informationsbasis eine erhebliche Verschiebung von Bewertungsmaßstäben und damit auch von Entscheidungsfunktionen stattfindet.

Aus dem Technology Assessment kann eine weitere Konzentration von Entscheidungen und daher von Macht auf die föderale Ebene resultieren, so wie in Japan und Frankreich die zentrale Planung der industriellen Tätigkeit bereits weit vorangeschritten ist. Die Öffentlichkeit kann mit Hilfe des Technology Assessment Druck ausüben. In jedem Falle wird bewirkt, daß Industrie und Regierung in Zukunft enger bei der Entscheidungsvorbereitung zusammenarbeiten, d. h. daß sie sich aufeinander zu bewegen. Die sekundären Auswirkungen des Technology Assessment auf die Industrie werden sehr manigfach sein und sind heute noch schwer zu überblicken. (Siehe dazu Seite 61 „Social audit“)

Anwendungsfälle von Technology Assessment

Ein wichtiger Anwendungsbereich für das Technology Assessment sind Grundsatzentscheidungen, welche auf lange Jahre hinaus Auswirkungen haben werden. Es ließe sich eine Vielzahl von Fällen aufzählen, in welchen sich die Notwendigkeit einer technologischen Gesamtbewertung als evident erweist. Eine Reihe von Projekten, für die in USA ein Technology Assessment in Aussicht steht, wurde bereits auf Seite 36 erwähnt. Die Liste gilt analog für alle hochentwickelten Länder der westlichen Welt und Japan. Wir werden uns der Übersichtlichkeit halber auf einige typische Beispiele beschränken.

Im Bereich von Projekten mit starker staatlicher Komponente fallen als erstes alle Grundsatzentscheidungen über Infrastruktur, Städtebau und Verkehrsplanung auf, des weiteren auch über Energieversorgung, Baubewilligungen für Kraftwerke, neue Maßnahmen zur Sicherstellung der Trinkwasserreserven oder zur Verringerung aller Art von Umweltschäden. Es dürfte dem Leser klar sein, daß die genannten Sektoren ein technologisches Assessment brauchen, bevor wichtige Entscheidungen getroffen werden.

Als Beispiel wollen wir auf die Projekte von künstlichen Inseln im Meer eingehen. Bereits in der Mitte der 70er Jahre werden solche künstlichen Inseln in der Nordsee, vor der amerikanischen Küste sowie im Raum Tokio aktuelle Bedeutung erlangen. Die Projekte erfordern meist Milliardenbeträge und werden im Regelfall von privaten Konsortien ausgeführt, allerdings mit einer starken staatlichen Komponente im Bewilligungsverfahren. Betrachtet man einige der vorgesehenen Projekte im einzelnen, so sieht man, daß das technologische Assessment einen Grundpfeiler der Bewertung und Genehmigung dieser großen Projekte bildet. Im Folgenden werden wir dies am konkreten Beispiel der künstlichen Inseln zur Gewinnung von Erdöl und Erdgas in der Nordsee erläutern:

Etwa 280 km südwestlich der norwegischen Küste liegt bekanntlich ein wichtiges Vorkommen an Erdöl und Erdgas, welches den Namen „Ekofisk“ trägt. Dieses erst im Jahre 1970 bestätigte Vorkommen gilt als einer der besten Funde, die bisher in der Nordsee gemacht wurden. Der Abtransport des Erdöls und Erdgases erfolgt in mehreren Phasen:

Anfänglich begnügte man sich damit, beschränkte Mengen an Erdöl mit Hilfe schwimmender Anlagen hochzupumpen und direkt in Tankschiffe zu verladen. Diese Fördermethode ist aber bei stürmischem Wetter nicht geeignet und würde auch die Gefahr in sich bergen, daß größere Mengen von Öl ins Meer ausfließen könnten. Daher wurde in Norwegen eine künstliche Insel aus stahlarmiertem Beton gebaut, mit einem Leergewicht von 215.000 t und einem Tiefgang von 66 m.

Diese in etwa kreisrunde künstliche Insel mit ca. 92 m Durchmesser wurde im Juli 1973 von der norwegischen Küste nach Ekofisk verbracht und dort auf eine in etwa 70 m Tiefe liegende Fundamentplatte gesetzt, für die allein 40.000 m^3 Beton verbaut wurden. Die künstliche Insel hat Vorratstanks für 132.000 t Rohöl, was einer Fördermenge von drei Tagen entspricht. Auf ihrem Oberdeck werden technische Einrichtungen stationiert, die für die weitere Erschließung der Ekofisk-Vorkommen notwendig sind. Die künstliche Insel erleichtert eine sichere und wetterunabhängige Förderung der maximal abbaubaren Menge von Erdöl und Erdgas.

In einer dritten Phase wird für den Abtransport des Erdgases eine Pipeline nach Emden geplant, die es gestattet, das Ekofiskgas nach Norddeutschland und Holland zu leiten. Man erwartet von Ekofisk und drei benachbarten Vorkommen eine tägliche Maximalförderung von 30.000 m^3 Erdgas. Das Erdgas wiederum enthält flüssige Komponenten, insbesondere schwere Kohlenwasserstoffe, welche voraussichtlich an der Anlandungsstelle in Norddeutschland abgetrennt werden und dort die Grundlage für neue petrochemische Industrien bilden.

Man erkennt, daß beim Gesamtprojekt Ekofisk viele Folgewirkungen auftreten werden, die Gegenstand einer umfassenden Technologie-Planung verschiedener Länder und Industrien sein müssen.
Sowohl in England wie in Holland werden weitere künstliche Inseln in der Nordsee zur Erdölförderung vorgeschlagen, aber auch um Müll zu verbrennen, petrochemische Industrien aufzustellen und andere umweltschädigende Anlagen zu errichten. Betrachtet man nun aber die Müllverbrennung, so muß man beachten, daß etwa ein Drittel des Müllgewichts als Asche verbleibt, deren Deponierung im Meer sofort eine Reihe meeresbiologischer Fragen aufwerfen würde. Als Folge eines Assessment wird sicher festgelegt werden, daß die Asche in einer Form verwendet werden muß, welche keine lösliche Substanzen an das Meer abgibt, beispielsweise bietet sich hier die Verwandlung der Asche in Zementblöcke oder Baumaterialien an, die beim Küstenschutz verwendet werden können.
Sodann sind künstliche Inseln für die Plazierung von Kraftwerken, insbesondere von Kernkraftwerken, vorgesehen. Projekte dieser Art sind besonders an der amerikanischen Ostküste, wahrscheinlich aber auch in anderen küstennahen Ballungszentren aktuell geworden. Die Vorteile sind evident, denn die Beunruhigung der Bevölkerung in nahe liegenden Wohnsiedlungen unterbleibt, und die Kühlung der Reaktoren kann mit Meerwasser erfolgen.
Ein Vorschlag geht sogar dahin, zur Kühlung der großen Kraftwerkseinheiten von mindestens 1000 MW mit Spezialschleppern Eisberge oder vom Polareis abgesprengte große Eismassen zu verwenden. Für den Laien klingt dies zunächst phantastisch, in Wirklichkeit wäre aber die technologische Realisierung gar nicht so kompliziert. Große Eisblöcke können in netzartigen Vorrichtungen mit Schleppern relativ leicht an die künstliche Insel herangebracht, dort in kubikmetergroße Stücke zerkleinert und schließlich in einem Mahlapparat in einen Eisgrieß

verwandelt werden, der das benötigte Kühlwasser liefert. Hierbei ist dann die Temperaturdifferenz zwischen Hochdruckdampf und Kühlwasser um etwa 10 - 20° höher als bei der Verwendung von Meerwasser, was den Wirkungsgrad des Kraftwerks verbessert. Außerdem kann das in riesigen Mengen entstehende Frischwasser durch eine einfach zu installierende Leitung ans Festland gepumpt und dort als hochwertiges Trinkwasser verwendet werden.

Schließlich werden künstliche Inseln für die Plazierung neuer Flugplätze vorgeschlagen, so z. B. im Raume Tokio. Auch hier wieder ist die Wahrscheinlichkeit relativ hoch, daß solche Projekte bereits Ende der 70er Jahre in die Realisierungsphase eintreten und auch hier wieder ergibt sich für die Technologie-Planung ein wichtiger, umfassender Problemkreis.

Auch im Rahmen von Projekten einzelner Industrie-Firmen ließe sich eine endlose Liste von Fällen aufstellen, in denen ein Technology Assessment erforderlich ist. Statt dessen wählen wir willkürlich einzelne markante Beispiele.

Für alle bestehenden und insbesondere für alle neu zu errichtenden Hüttenbetriebe zur Erzeugung von Stahl oder Nichteisen-Metallen wird bereits Mitte der 70er Jahre das technologische Assessment neben der finanziellen Wertung das Hauptkriterium sein. Hüttenbetriebe benötigen bekanntlich große Mengen an Rohstoffen, oftmals auch an Energie und werfen für die nähere Umgebung dieser Betriebe eine Vielzahl von Fragen des Umweltschutzes auf.

Viele Grundstoffindustrien werden in den 70er Jahren zunächst ein Umweltschutzprofil (environmental profile) ihrer Betriebe und Produkte aufstellen. In ihm werden alle Arten von Umweltbelastungen der betreffenden Industrie zusammengestellt und analysiert. Man erwartet, daß diese „environmental profiles“ schließlich zu kompletten Technology Assessments führen werden.

Die besondere Bedeutung des Technology Assessment läßt sich an solchen Beispielen erkennen, in denen es nicht oder zu spät durchgeführt wurde. Daher werden wir im folgenden an Hand einiger Fallstudien kurz zeigen, welche enormen Fehlinvestitionen oder Probleme resultieren, wenn das Technology Assessment durch die in Frage kommende Industrie- oder Regierungsinstanz unterlassen wird.

Beispielsweise wurde 1972 in Norditalien ein neues Werk zur Herstellung von Titandioxyd-Pigment in Betrieb genommen, wobei einige 10.000 Jahrestonnen an eisenoxydhaltigem Abfallschlamm entstehen, den man mit Hilfe von Schiffen im Meer zu versenken gedachte.

Dies löste aber bereits einige Monate später energische Proteste von in Korsika lebenden Fischern aus; die Aufarbeitung der unter Beschuß geratenen Abfälle hätte so hohe Mehrkosten verursacht gegenüber einem von Anfang an umweltfreundlich konzipierten Verfahren, daß das Werk schließlich geschlossen werden mußte.

Eine Reihe weiterer Großbetriebe der Grundstoffindustrie, welche in hochindustrialisierten Ländern Westeuropas Anfang der 70er Jahre in Betrieb genommen wurden, wären bei vorherigem gründlichen Assessment entweder mit anderem Standort oder mit einer umweltfreundlicheren Konzeption gebaut worden. Dies gilt für Hüttenbetriebe, Kunstdüngerfabriken, Chemiewerke, Raffinerien und ähnliche Anlagen, wobei wir auf die Nennung spezifischer Beispiele verzichten.

Ein ähnliches Beispiel einer verspäteten Durchführung eines Assessments findet sich in der übereilten Industrialisierung des Gebietes an der Unterelbe, das bereits früher beschrieben wurde (s. Seite 68).

Auch die bisherige technische Konzeption und die Verkaufsstrategie der großen amerikanischen Automobilfirmen dürfte wohl kaum einem Assessment entsprochen haben. Beide haben den gemeinsamen Nenner der „planned obsolescence", d. h. durch Werkstoffwahl und Verkaufspolitik sollen die Konsumenten zu baldigem Kauf eines neuen PKW motiviert werden. Erst etwa seit dem Jahre 1970 wird ein verspätetes Assessment durchgeführt, das der Industrie und schließlich auch dem Steuerzahler in USA große Belastungen auferlegt, die bei einem rechtzeitigen Technology Assessment hätten vermieden werden können.

Methoden des Technology Assessment

Ein Teilnehmer eines internationalen Kongresses brachte vor kurzem seinen Eindruck von den verschiedenen Vorträgen und Diskussionen auf folgende kurze Formel: Technology Assessment bestehe im wesentlichen aus gesundem Menschenverstand, verknüpft mit einer gewissen Systematik. Während die Anwendung des gesunden Menschenverstandes überall Zustimmung findet, herrscht über die anzuwendende Systematik keine solche einheitliche Auffassung. Bei der Ausführung von Technology Assessments bestehen methodische Schwierigkeiten, die nur fallweise, nicht aber prinzipiell gelöst werden können.
Eines der Probleme hat seine Ursache darin, daß beim Technology Assessment in der Zukunft liegende Auswirkungen zu analysieren sind. Das Technology Assessment ist daher mit den gleichen Unsicherheitsfaktoren belastet wie jede Vorhersage. Es gibt sogar Stimmen, die überhaupt der Ansicht sind, es sei unmöglich, frühzeitig genug eine auch nur einigermaßen vollständige Vorhersage der Folgen einer zukünftigen Technologie aufzustellen.
Ein weiteres Problem für die Durchführung von Technology Assessments ergibt sich aus der Schwierigkeit, nicht quantifizierbare Faktoren zu bewerten. Während im rein technologischen Bereich eine Kosten-Nutzen-Rechnung relativ genau durchzuführen ist, stößt die Einbeziehung sozialer und ökologischer

Faktoren in ein Technology Assessment auf die Schwierigkeit hinlänglicher Quantifizierung. Anerkannte Maßstäbe beispielsweise zur Ermittlung der indirekten Kosten aus unerwünschten Nebenwirkungen einer Technologie (verschlechterte Luftqualität, Verschmutzung von Gewässer, Lärm) oder zur Bestimmung eines indirekten Nutzens aus erwünschten Nebenwirkungen gibt es jedoch nicht oder noch nicht. Gerade die Gegenüberstellung der Gesamtkosten mit dem Gesamtnutzen einer Technologie ist jedoch das Hauptanliegen des Technology Assessment.
Eine detaillierte Aufgliederung der einzelnen Schritte, die bei einem Technology Assessment durchgeführt werden müssen, hat die MITRE Corp. vorgeschlagen:

1. Festlegen der Assessment-Aufgabe
2. Beschreiben relevanter Technologien
3. Ermitteln von Randbedingungen
4. Identifizieren betroffener Bereiche
5. Vorläufige Analyse der Auswirkungen
6. Bestimmen möglicher Aktionen und Reaktionen
7. Vollständige Analyse der Auswirkungen

Das MITRE-Team hat das hier beschriebene Vorgehen an Hand von Pilot-Studien überprüft, die sich u. a. mit Automobil-Abgasen, Kommunikationsnetzwerken unter Verwendung von Computern, industriellen Enzymen, „landwirtschaftlicher" Nutzung des Meeres und Wasserverschmutzung durch Haushaltsabfälle befassen.
In jedem einzelnen Fall eines Technology Assessment muß das spezifische Vorgehen den konkreten Umständen angepaßt werden, wenn auch sicherlich grundsätzliche Überlegungen und Richtlinien im Prinzip gleich bleiben.
Um noch einmal ein medizinisches Beispiel heranzuziehen: Ein Assessment ist einer gründlichen ärztlichen Vorsorgeuntersuchung („check up") zu vergleichen, welche über die zukünftigen Gesundheitserwartungen etwas aussagen soll. Die Methoden

werden sehr unterschiedlich sein und doch gewisse Gemeinsamkeiten aufweisen. Insbesondere geht es beim Assessment wie beim „check-up“ *um die Grundeinstellung,* nämlich noch verborgene zukünftige Entwicklungen möglichst rechtzeitig aufzudecken. Die Methode muß vom Untersuchenden richtig gewählt sein, kann aber von Fall zu Fall stark variieren.

Dialog zwischen Industrie und Öffentlichkeit

In der Vergangenheit ist die Tätigkeit ganzer Industriegruppen kaum in Frage gestellt worden oder selten unter Beschuß geraten. Dies hat sich aber in neuerer Zeit geändert, insbesondere im Hinblick auf die Umweltschutzprobleme, die Grenzen des Wachstums, aber auch durch ein generell zunehmendes Spannungsfeld zwischen Industrie und Öffentlichkeit. Dies veranlaßt die Industrie, ihre Zielsetzungen zu überprüfen und zu revidieren. Viele Industrien sind der Ansicht, daß ihre Produktionsplanung oder Technologie-Planung genug Alternativen aufweist, um vermehrt den Forderungen des Umweltschutzes oder sozial-positiven Anforderungen entgegenzukommen.
Es genügt aber nicht, Maßnahmen dieser Art zu treffen, sondern sie sollten auch in präsentabler Form bekannt gemacht werden. Dies ist dann ein Teil einer Bilanz über Leistungen des Unternehmens, die der Öffentlichkeit zugute kommen.
Neben der konventionellen Buchhaltung, welche im Jahresabschluß über die finanziellen Ergebnisse einer Unternehmung Auskunft gibt, gewinnt in neuerer Zeit eine zweite Art von Geschäftsergebnis an Bedeutung, die „Sozialbilanz“, in USA „corporate social audit“ genannt. Diese „Bilanz“ präsentiert Aufwendungen und erzielte „Gewinne“ im sozialen Sektor. Teilweise wird angestrebt, auch die „Verschuldung“ eines Unternehmens gegenüber der Umwelt darzustellen. Hier ist es aber wohl bei einzelnen Versuchen geblieben, zumal die Quantifizierung auf große Probleme stößt.

Es gibt eine breite Palette von Maßnahmen, die in die Sozialbilanz aufgenommen werden können. Darunter sind solche, die mit Technologie kaum etwas zu tun haben, wie Aufwendungen für Gesundheitsprogramme, Ausbildung, Pensionskassen, Werkswohnungen und ähnliche soziale Leistungen, sofern sie nicht vom Gesetz vorgeschrieben sind.

Eine gewisse technologische Komponente ist z. B. in folgenden sozialen Leistungen enthalten: Verbesserung der Arbeitsbedingungen oder Humanisierung der Arbeitsverhältnisse. Ziele dieser Art können beispielsweise durch die Bildung von Arbeitsteams anstelle von Fließbandarbeit verfolgt werden, wie dies in der Automobilindustrie in neuerer Zeit vermehrt beobachtet wird.

Andere Maßnahmen sind stark technologisch ausgerichtet: Aufwendungen für Umweltschutz in Investition oder Betriebskosten, sowie Eliminierung umweltschädlicher Produkte oder Verfahren aus dem Firmenprogramm.

Die Sozialbilanz wurde als „corporate social audit" zunächst bei amerikanischen Unternehmen schrittweise erprobt.

Alle Leistungen – oder auch Versäumnisse – werden beim social audit in Geldbeträgen quantifiziert. Die Sozialbilanz ist so ein sichtbarer Ausdruck für einen z. Zt. ablaufenden Sinneswandel, wonach die Firmenleitungen zur Auffassung gelangen, daß sie das Unternehmensziel einer angemessenen Rendite in vertretbarem Ausmaß mit sozial günstigen Maßnahmen kombinieren können, nach dem Motto: „To make money while doing good".

Die Industrie hat bisher die überwiegende Mehrzahl ihrer Entscheidungen nach finanziellen Kriterien getroffen. Durch das Technology Assessment werden auch soziale Kosten und Nutzen wesentliche Elemente der Entscheidungsvorbereitung, so daß die konventionelle Bilanz mit dem social audit harmonisiert werden muß. Daß dies unter Umständen weitreichende und auch schwerwiegende Folgen haben kann, ist evident, und wir zitieren hierzu Bruno Fritsch aus seinem Buch „Die Vierte Welt“.

„Wären alle volkswirtschaftlichen Schäden, die im Laufe unserer Industrialisierung durch private Unternehmer verursacht worden sind, diesen angelastet worden, und hätten sie außerdem für alle Vorteile, die ihnen z. B. eine vorgegebene Infrastruktur bot, zahlen müssen, dann wäre – so argumentieren namhafte Wirtschaftshistoriker – die industrielle Revolution ganz anders verlaufen, und wir hätten wahrscheinlich ein viel langsameres Wirtschaftswachstum, dafür aber weniger Sozialschäden gehabt.“

Vorerst ist es kaum realistisch, einen dominierenden Einfluß des corporate social audit auf die Entscheidungen der Industrie zu erwarten. Das Interesse der Unternehmung und das öffentliche Interesse wird in allen Ländern mit freiem Unternehmertum weiterhin in einem gewissen Konflikt stehen. Denn das Unternehmen braucht zum Überleben zunächst einmal eine hinlängliche Rendite, und externe Faktoren werden daher gegenüber dem Gewinnstreben im Regelfall die zweite Priorität behalten. In diesem Sinne werden für viele um ihre Existenz ringende Firmen Begriffe wie Technology Assessment oder corporate social audit vorerst reine Theorie oder ein frommer Wunsch bleiben. Trotzdem ist die zunehmende Bereitschaft der Industrie, ihre soziale Verantwortung in ihre Entscheidungen einzubeziehen, absolut unverkennbar.

VII. Wer führt eine Technologie-Planung durch?

Je mehr Gesetze und Verordnungen kundgetan werden, desto mehr Diebe und Räuber gibt es.

LAOTSE

Alle hochentwickelten Länder sind sich heute einig, daß ein unkontrolliertes Wachstum der Technik nicht mehr tragbar ist und daß nach Organisationsformen gesucht werden muß, um die allgemein als notwendig erkannten Maßnahmen auch gegen Widerstände zu realisieren. Während bis zu diesem Punkt leicht Übereinstimmung erzielt werden kann, wird es sofort viel schwieriger, wenn für einen bestimmten Betrieb oder für ein bestimmtes Entwicklungsprogramm Konsequenzen gezogen werden sollen. Dann hat das organisatorische Instrumentarium der Technologie-Planung seine Feuerprobe zu bestehen.
Im Folgenden wollen wir einige Elemente der auf staatlicher Ebene oder durch Industrieinstanzen durchzuführenden Technologie-Planung skizzieren.

1. Staatliche Organisationsformen

Die meisten Industrienationen werden wohl dem amerikanischen Beispiel folgen und in der einen oder anderen Form eine Instanz für Technology Assessment aufbauen, um ihren Parlamenten eine verbesserte Entscheidungsvorbereitung zur Verfügung zu stellen, und zwar für alle Sektoren, die schwerpunktmäßig durch technologische Entwicklungen oder ihre Auswirkungen auf die Umwelt gekennzeichnet sind. Hier müssen die wichtigsten Schwerpunkte wie auch die ihnen zugeordneten Maßnahmen und Prioritäten zur rechten Zeit klar bezeichnet werden.

Es wird allerdings nicht leicht sein, den Stellenwert der verschiedenen Interessen richtig zu bestimmen. Die Industrie wird vielfach aus alter Tradition eine Ausweitung ihrer Produktion anstreben. Die Öffentlichkeit wird wiederum andere Postulate aufstellen, insbesondere verbesserte Lebensqualität. Die daraus resultierenden, wünschenswerten Technologien sind in vielen Fällen nicht mit den bisherigen Zielsetzungen der Industrie im Einklang. Die Regierungsinstanzen wiederum müssen einen neuen Stil der Entscheidungsvorbereitung finden, ja sogar oft erst erlernen. In den Parlamenten wurden bislang Entscheidungen hauptsächlich aus politischem Kalkül gefällt, oftmals auch mit Blick auf kommende Wahlen oder überhaupt aus politischem Opportunismus, etwa weil man diese oder jene Gruppierung nicht verärgern oder sich seinen angestammten Wahlkreis erhalten wollte. Aus diesen Gründen wird es auch in Zukunft nicht immer leicht sein, die – möglichst – objektiven Argumente eines technologischen Assessment zur Grundlage politischer Entscheidungen zu machen.
Am weitesten fortgeschritten ist die Institutionalisierung des Technology Assessment im staatlichen Bereich in den USA, wo, wie bereits erwähnt, 1972 das Office of Technology Assessment (OTA) gegründet wurde. Es stellt bis heute die einzige Institution dieser Art auf legislativer Ebene dar.
Daneben befassen sich in den USA zahlreiche Stellen bei Bundes- und Einzelstaaten-Regierungen, Universitäten, Instituten, Verbänden und Firmen mit Assessment-Studien und erhalten dabei z. T. Hilfe durch die National Science Foundation.
In Japan ergab sich aus der starken Belastung und teilweisen Schädigung der Umwelt durch die rasche Industrialisierung ebenfalls frühzeitig das Bedürfnis nach einer umfassenden Bewertung bisheriger und auch neuer Technologien. Bereits 1971 konzipierte daher das „Ministry of International Trade and Industry“ (MITI) eine Industrie-Technologie-Politik, in der das Technology Assessment eine wesentliche Rolle spielt.

Außerdem hat die „Science and Technology Agency" (Amt für Wissenschaft und Technologie) ein Weißbuch zur japanischen Wissenschaftspolitik herausgegeben, das als einen Aufgabenschwerpunkt ebenfalls die verstärkte Bewertung technologischer Entwicklungen nennt. Es wird gefordert, die Einflüsse von Wissenschaft und Technik auf Mensch und Natur im weitesten Sinn zu untersuchen.
Zur Zeit sind in Japan eine ganze Reihe von Muster-Assessments im Gange. Zu den untersuchten Themen gehören zum Beispiel:

Eisenerzeugung unter Verwendung von Kernenergie
Computer-unterstützte Unterrichtung
Neue Schädlingsbekämpfungsmittel
Hochhäuser

Eine zentrale Assessment-Instanz nach dem Muster des amerikanischen OTA gibt es in Japan noch nicht. Dennoch müssen sich industrielle Unternehmungen angesichts der intensiven Aktivität der Regierung auf dem Gebiet der Technologie-Bewertung darüber im klaren sein, daß ihre Existenz in Frage gestellt werden könnte, wenn sie die technologische Entwicklung nicht in Einklang mit den gesellschaftlichen Bedürfnissen nach besserer Umwelt bringen können. Mehrere Fabrikschließungen und Verweigerungen von Betriebserlaubnissen dokumentieren den Ernst dieser Situation in Japan.
In der Bundesrepublik Deutschland wurde eine formale Diskussion um Technology Assessment und dessen Institutionalisierung erst 1973 durch einen Antrag der Opposition im Bundestag zur Errichtung eines „Amtes zur Bewertung technologischer Entwicklungen" in Gang gebracht. Allerdings war auch bereits früher seitens der Bundesregierung klar zum Ausdruck gebracht worden, daß technologische Forschungs- und Entwicklungsvorhaben in einem gesellschaftlichen und wirtschaftlichen Gesamtrahmen beurteilt werden müssen, sich also vermehrt an

den gesellschaftlichen Bedürfnissen zu orientieren haben. Der Begriff „Assessment“ oder „Technologie-Bewertung“ war damals allerdings noch nicht verwendet worden.
Der Vorschlag eines dem amerikanischen Vorbild OTA entsprechenden „Amtes zur Bewertung technologischer Entwicklungen“ fand bei der Regierungskoalition keine ungeteilte Zustimmung. So wurde eingewendet, daß das geforderte Amt eine im hohen Maße technokratische Einrichtung sei, die kaum zur Erhöhung des gesellschaftlichen Nutzens von Forschungs- und Entwicklungsprojekten beitragen könne. Statt dessen sollten alle Formen der Meinungsbildung unabhängig voneinander ausgeschöpft werden, wozu auch die Beratungsgremien des Forschungsministeriums, sozialwissenschaftliche Erhebungen sowie Prognose- und Systemanalysearbeiten der Großforschungszentren gehörten. Von anderer Seite wurde zwar die Notwendigkeit, eine verbesserte Beratungskapazität im Parlament zu schaffen, bestätigt, jedoch als Gegenvorschlag das Beispiel der englischen „Programmes Analysis Unit“ propagiert. Dies ist eine spezielle Instanz der britischen Exekutive, die im Auftrag von Regierungsstellen Analysen durchführt und Empfehlungen abgibt, wobei versucht wird, den Netto-Nutzen eines Projektes für die Nation abzuschätzen.
Diese verschiedenen Vorschläge wurden inzwischen eingehend diskutiert und waren auch Gegenstand öffentlicher Anhörungen. Außerdem wurde von der „Studiengruppe für Systemforschung“ (SfS) ein umfangreiches Gutachten ausgearbeitet, das im wesentlichen dem von der Opposition vorgeschlagenen Modell den Vorzug gibt. Eine endgültige Entscheidung in dieser Sache ist bisher allerdings noch nicht gefallen.

2. Positive Verhaltensweise der Industrie

Jede Firma, die eine systematische Technologie-Planung betreibt, muß zunächst die Prioritäten für die gegebenen Begrenzungen und Zielsetzungen sowie die zur Erreichung der Ziele vorgesehenen Maßnahmen festsetzen. Hierbei trifft man z. B. auf die folgenden typischen Fragestellungen:

1. Welche Firmenstandorte, Verfahren oder Produkte entsprechen am ehesten zukünftigen Umweltvorschriften?
2. Welche Voraussetzungen ermöglichen es der Firma, eine höhere Wertschöpfung zu erzielen oder eine Diversifikation vorzunehmen?
3. Welche Märkte sind in Zukunft unter Berücksichtigung der beiden zuvor genannten Punkte hauptsächlich anzuvisieren?
4. Was ist die Hauptmotivierung? Die Vermeidung von Sanktionen oder die Umorientierung auf die neuen Bedürfnisse des Marktes?
5. Wie kann die Firma den Innovationsprozeß intensivieren?
6. Werden die gegebenen Begrenzungen mehr als Behinderung oder mehr als Stimulus für Neuentwicklungen empfunden?

Außerdem wird sich die Industrie vermehrt der Tatsache bewußt, daß sie ein Teil der Gesellschaft ist und keine separate Einheit. Es ist dabei von entscheidender Wichtigkeit, daß die Industrie ihren Standpunkt und ihre Argumente intensiver der Öffentlichkeit darlegt und bei der Definition der neuen Wertbegriffe aktiv mitwirkt. Viele Firmen sehen sich heute mit einer neuen Umwelt konfrontiert, verursacht durch sich verändernde Konsumentengewohnheiten, durch neue Umweltvorschriften und neuartige Konkurrenzsituationen. Solange diese veränderte Umwelt hauptsächlich als Bedrängung, als Behinderung oder als Gefahr empfunden wird, ist die Firma in der Defensive. Erst wenn es gelingt, aus der neuen Umwelt positive Stimulantien

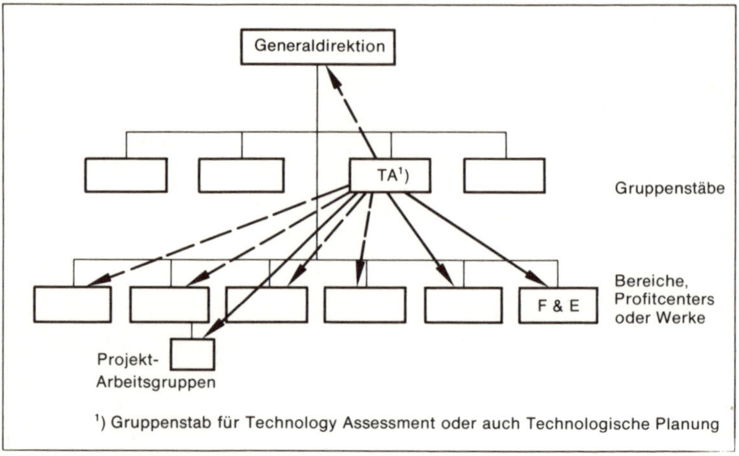

Abb. 21 Eingliederung des Technology Assessment in die Unternehmensstruktur

für neue Entwicklungs- und Produktionsprogramme und für eine neue Marktkonzeption herzuleiten, hat die Firma mit Recht Aussicht, sich der Zukunft gegenüber zu bewähren.

Wie soll nun die Technologie-Planung in organisatorischer Form zum Ausdruck kommen? Für mittlere und größere Firmen ist am ehesten eine Stabsabteilung in Betracht zu ziehen, die für die Technologie-Planung zum mindesten in der Einführungsphase zuständig ist.

In Abb. 21 ist schematisch beschrieben, welche Instanzen die Empfänger der Resultate dieser Stabsstelle sind.

In einer späteren Phase empfiehlt es sich, in jedem größeren Bereich oder jeder selbständigen Einheit der Firma eine separate Arbeitsgruppe für Technologie-Planung einzusetzen. Ein wichtiges Arbeitsinstrument wird anfänglich das technologische Assessment oder die Erstellung eines Umweltprofils der gesamten Firmenaktivitäten sein. Wir vertreten überhaupt die Ansicht, daß das Technology Assessment in erster Linie in der Industrie durchgeführt werden sollte, noch bevor die Behörden

sich mit einem speziellen Problem beschäftigen. Dies ist zumindest die anzustrebende Situation. In der Realität werden allerdings oftmals doch die Behörden durch zu langes Zögern der Industrie zum Eingreifen der Initiative herausgefordert werden.
So stellt sich auch die Frage, ob ein privates Unternehmen die teilweise hohen Kosten eines Technology Assessment übernehmen kann. Vor der weiteren Diskussion dieses Problems muß zunächst folgende Unterscheidung getroffen werden: Technology Assessments können sich sowohl mit Makrosystemen (z. B. Energieversorgung, neue Verkehrssysteme) als auch mit firmenspezifischen Systemen befassen (z. B. Anwendung eines neuen Verfahrens, eines neuen Werkstoffes oder Vertrieb eines neuen Produktes).
Die erstgenannten, großangelegten Assessments erfordern eine umfassende Beteiligung von Behörden und Öffentlichkeit und können kaum von der Industrie allein durchgeführt werden. Die Beteiligung der Industrie an umfangreichen Untersuchungen, die durch staatliche Instanzen koordiniert werden, ist wo immer möglich vorzusehen, damit das in der Industrie vorhandene Fachwissen in die Analyse miteinbezogen wird.
Im Falle der Technology Assessments, die sich auf firmenspezifische Aufgaben beziehen, ist jedoch die Industrie sehr wohl in der Lage, Untersuchungen einzuleiten und zu finanzieren.
Sie wird dies in Zukunft auch in vermehrtem Umfang tun, schon allein um der Gefahr zu entgehen, ein Produkt oder Verfahren zu lancieren, das später auf Grund unerwünschter ökologischer oder sozialer Nebenwirkungen auf Restriktionen stößt.
Außer der in Abbildung 21 dargestellten organisatorischen Form gibt es natürlich auch noch andere Modelle, um in der Industrie die Technologie-Planung durchzuführen. Entsprechend der Bedeutung des Umweltschutzes setzten z. B. manche Firmen einen speziellen Direktor für Umweltschutzfragen ein, der nacheinander insbesondere folgende Aufgaben in Angriff nimmt:

– Feststellung des gesamten Umweltschutzprofils der Firma, d. h. Abklärung aller möglichen Auswirkungen ihrer Produkte, Nebenprodukte und Verfahren.

– Ausarbeitung verbesserter Verfahrensvarianten oder eines verbesserten Produkte-Sortiments.

– Einflußnahme auf die Konstruktionsabteilung, Entwicklungsabteilung und die Betriebsleitungen, um diese vermehrt zum umweltkonformen Denken und Handeln anzuhalten.

– Verbesserte Öffentlichkeitsarbeit, um das Image der Firma in Sachen Umweltschutz bekannt zu machen und aufzuwerten.

Wir leben heute in einer Art Übergangsphase. Je nach Größe und Struktur der Firmen werden unterschiedliche Wege beschritten, um die technologischen Zukunftselemente besser in den Griff zu bekommen. Bei der Technologie-Planung handelt es sich um eine Funktion, welche in den Organismus des Unternehmens sinngemäß eingefügt werden muß.

Man wird vielfach auf Schwierigkeiten stoßen, innerhalb von einigen Jahren die Technologie-Planung in das Instrumentarium eines Industrie-Management wirksam einzupflanzen. Ob, wie gut und wie bald es gelingt, kann aber gleichwohl für die Rendite, ja sogar für den Fortbestand vieler Firmen bereits in naher Zukunft ausschlaggebend werden.

VIII. Probleme und Grenzen der Technologie-Planung

Hier liegt ja der ganze Jammer:
Ganz sicher sind nur die Dummen.
Die Gescheiten dagegen sind stets voller Zweifel.

BERTRAND RUSSELL

1. Fortschritt – ein zweischneidiges Schwert

Die Erkenntnis, daß technischer Fortschritt nicht unbedingt gleichbedeutend mit Fortschritt der allgemeinen Lebensqualität ist, kann heute als ein Gemeinplatz gelten, gleichgültig, ob man sich die Anwendung von Pflanzenschutzmitteln, die Zusammenballung von Menschen in modernen Städten oder die immer stärkere Abhängigkeit von Energie vergegenwärtigt.

Es stellt sich die Frage, ob es möglich ist, wichtige Komponenten des technischen Fortschritts jeweils durch eine technologische Gesamtbewertung zu analysieren. Wendet man das Instrumentarium der Technologie-Planung auf klar umrissene Aufgaben aus dem Bereich der Technik an, so besteht durchaus die Möglichkeit, nach der Art eines soliden Handwerks vorzugehen. Solide untermauerte Kriterien für die Zukunftsplanung sind bei der permanenten Verunsicherung im Bereich der sozialen Entwicklungen und der durch die Öffentlichkeit definierten Wertbegriffe unbedingt erstrebenswert. Somit wird sich die Technologie-Planung hauptsächlich mit klar definierten Fragen befassen, wie beispielsweise der optimal konzipierten Energieversorgung, grundlegend verbesserten Verkehrssystemen oder den Möglichkeiten künstlicher Inseln vor der Küste. Die Technologie-Planung hat trotzdem zwei Grenzbereiche mit fließenden Übergängen und erheblichen Unsicherheiten:

Die eine „offene Flanke“ liegt in der Wechselwirkung zwischen Technik und Mensch, und allein die Frage „Was wollen die

Menschen eigentlich in Zukunft?“ wird in spezifische Fälle der Technologie-Planung tief eingreifen.
Diese Wechselwirkung hat aber auch positive Elemente. Technik kann den gegebenen Umständen weitgehend angepaßt werden. Somit kann sich die technische Entwicklung den Bedürfnissen der Menschen und insbesondere einer ganzen Nation durchaus anpassen. In Ländern wie Japan, die wenig Bodenschätze und wenig eigene Energieressourcen besitzen, wird somit die „soft technology“ bei der zukünftigen Technologie-Planung dominieren, d. h. die Erzielung hoher Wertschöpfung bei relativ geringem Verbrauch an Rohstoffen und Energie im eigenen Land. In Entwicklungsländern wird die „intermediate technology“ Bedeutung erlangen, d. h. Verfahren und Produkte, welche dem Kenntnisstand der Bevölkerung angepaßt sind und die – dem tatsächlichen Bedarf entsprechend – anfänglich in kleinen Einheiten produziert werden können.
Die zweite „offene Flanke“ der Technologie-Planung ist die Notwendigkeit, prognostische Elemente einzubeziehen. Die Frage der Vorhersagbarkeit technologischer Entwicklungen ist neuerdings stark aktualisiert worden. Wir werden dies am folgenden Beispiel der Energiekrise erläutern (s. Kap. IX).

2. Prognosen: ein riskantes Arbeitsgebiet

Abb. 22 zeigt eine Zusammenstellung der OECD, welche 1973 wenige Monate vor der Ölkrise publiziert wurde und über den bisherigen und extrapolierten Verbrauch an Primärenergie Auskunft gibt. Man erkennt, daß das Erdöl erst seit dem letzten Jahrzehnt für den steigenden Energieverbrauch eine absolut dominierende Rolle einnimmt, und daß es gemäß Planung der OECD diese auch für die 70er Jahre behalten sollte. Die Prognose der OECD besagt sogar, daß die Kohleförderung weiter-

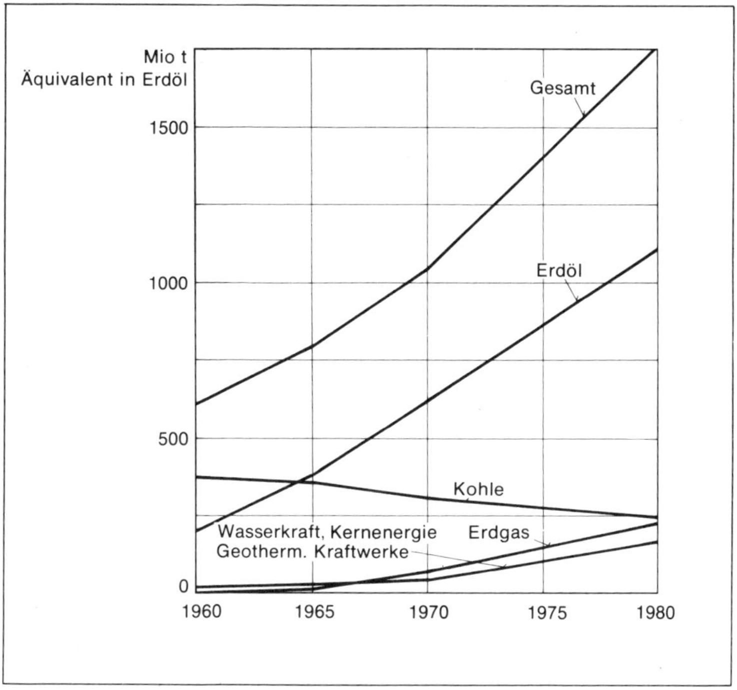

Quelle: OECD

Abb. 22 Bisheriger und extrapolierter Verbrauch an Primärenergie in allen europäischen OECD-Ländern (Prognose im Frühjahr 73)

hin stetig abnehmen wird. Sechs Monate nach Erscheinen dieser Prognose war die Ölkrise auf ihrem Höhepunkt. Überall auf der Welt werden nunmehr fieberhafte Anstrengungen unternommen, die Kohleförderung zu steigern und neben dem Öl auch andere Energiequellen zu erschließen. In der Öffentlichkeit wie in der Industrie stellt man sich die Frage: Warum hat denn niemand diese Verknappung und/oder Verteuerung an Rohöl und generell an Primärenergieträgern vorhergesehen oder vorhergesagt? In Wirklichkeit hätten doch Regierungsinstanzen, große Erdölfirmen, energieverbrauchende Industrien und insbesondere professionelle Prognostiker dieses Entwicklung bereits

einige Jahre vorher als wahrscheinlich und daher hochaktuell bezeichnen müssen.
In der Tat hat es seit Mitte der 60er Jahre an warnenden Stimmen und Hinweisen auf eine mit Sicherheit kommende Energieverknappung keineswegs gefehlt. Aber Prognosen können ähnlich wie Waren zu früh auf den Markt gebracht werden und sind dann noch nicht gefragt. Erst wenn eine breitere Öffentlichkeit sensibilisiert ist, werden sie ernst genommen.
Ein Beispiel hierfür: Einige Monate vor dem Ausbruch der Ölkrise hat der damalige Generalsekretär der OPEC (Organisation der erdölexportierenden Länder), Dr. Abdul Khene, in Vorträgen die westeuropäischen Verbraucherländer aufgefordert, den Ölkonsum in Zukunft kräftig einzuschränken, um sich möglichst rechtzeitig der unausweichlichen Verknappung an Rohöl anzupassen. In einem Vortrag kam Dr. Khene im September 1973 zu folgender Schlußfolgerung: „Unabhängig von den heutigen oder künftigen Realitäten habe ich mit meinen kurzen Ausführungen zu dem, was manche bereits als Energiekrise bezeichnen, aufzeigen wollen, daß die Frage der Energie, ob zu Recht oder zu Unrecht, ob realistisch oder überspitzt, zu einer Sorge aller, das heißt der reichen wie der armen Länder, der großen Verbrauchs- wie der Förder- und Exportländer geworden ist. Das weltweite Ausmaß dieses Problems erfordert, daß es mit ebensoviel Nüchternheit wie Klugheit und Entschlossenheit angegangen wird. Will man nicht Gefahr laufen, die Erdölquellen in den nächsten drei Jahrzehnten, das heißt bis zum Ende dieses Jahrhunderts, auszuschöpfen, dann müssen recht bald Maßnahmen zu einer Einschränkung des Verbrauchs getroffen werden und zwar in letzter Konsequenz, um eine Einschränkung der Förderung zu ermöglichen."
Khene war somit eine der warnenden Stimmen und verbreitete eine durchaus ernstzunehmende Prognose. Andererseits mangelte es nicht an gegenteiligen Beispielen. Obwohl eine Verknappung an Rohöl irgendwann in den 70er Jahren als unaus-

weichlich gelten mußte, haben westeuropäische Länder ihre Kohleförderung verringert oder weitgehend stillgelegt. Neben Regierungsinstanzen haben auch Profis für Zukunftsfragen Ende der 60er Jahre die zur Vorbeugung einer Energiekrise notwendigen Schritte nicht erkannt, sondern statt dessen sogar Maßnahmen empfohlen oder Prognosen aufgestellt, welche sich bereits einige Jahre später als völlig falsch erwiesen. Beispiele dieser Art sind die beiden 1967 erschienenen Bücher von Jean Jacques Servan-Schreiber „Die amerikanische Herausforderung" sowie von Kahn und Wiener „Ihr werdet es erleben". Servan-Schreiber überschreibt ein ganzes Kapitel mit dem Titel „Ein Beispiel für schlechte Politik" und fordert darin die baldige Schließung der französischen Kohlegruben, die im Jahre 1969 immerhin noch 50% des Energiebedarfs in Frankreich deckten. Allerdings war damals das Rohöl billiger als Kohle, und somit bedeutete die Aufrechterhaltung der Kohleförderung für den französischen Staat eine erhebliche finanzielle Belastung. Ähnliche Forderungen wurden gleichzeitig auch in anderen Ländern Europas, die Kohle förderten, erhoben. Laut E. F. Schumacher, dem ehemaligen Direktor des britischen National Coal Board (Staatliche Kohlebehörde), hätte man Ende der 60er Jahre in England die Kohleproduktion nicht verringert, wenn der Rohölpreis etwa $ 2 pro Barrel betragen hätte, weil dann die Kohle bereits wirtschaftlicher gewesen wäre als das Heizöl. Da aber das Rohöl damals, also Ende der 60er Jahre, $ 1,50 pro Barrel kostete, war eben die Kohle unwirtschaftlich, was zur Schließung zahlreicher Zechen führte.

Blättert man in dem umfangreichen Sachregister der monumentalen Zukunftsprognose von Kahn und Wiener, so findet sich weder das Wort Energiekrise, noch Rohöl, noch OPEC; außer Angaben über Atomkraftwerke sind nur kurze Hinweise auf Ölschiefer und Teersande zu finden, mit der Anmerkung, daß diese um die Jahrtausendwende eventuell zur Energieerzeugung herangezogen werden. Somit haben die professionellen Pro-

gnostiker, einige Jahre vor der sich heute in vielen Ländern abzeichnenden Energiekrise, die dramatische Verknappung an Primär-Energie weder vorhergesagt noch geeignete Maßnahmen zur Abhilfe vorgeschlagen.
Kahn hat außerdem in seinen zahlreichen Prognosen über den weiteren wirtschaftlichen Aufstieg Japans noch Anfang der 70er Jahre übersehen, daß das Wirtschaftswunder in Japan auf tönernen Füßen steht, solange die japanische Wirtschaft weitgehend von Importen an Öl und anderen Rohstoffen abhängt.

3. Könnte es nicht auch ganz anders sein?

In den meisten Prognosen wird bisher aus bereits bekannten Zuwachsraten in die Zukunft extrapoliert. Auch die erste Studie an den Club of Rome bedient sich beispielsweise im Prinzip der Extrapolation von Bevölkerungszuwachs und Konsumsteigerung und kommt zum Schluß, daß wir bei jahrzehntelanger Fortdauer der bisherigen Zuwachsraten unweigerlich an die „Grenzen des Wachstums" stoßen werden.
Eine Studie dieser Art stellt sicher eine aktuelle und somit eine richtige Frage – ob aber die Antwort richtig ist (also z. B. im Jahre 2020 de facto zutreffend), steht auf einem völlig anderen Blatt. Während also die Frage davon ausgeht, „was passiert, wenn. . . . .", darf man bei der Antwort *nicht* übersehen, daß in Zukunft vom bisherigen Trend stark abweichende Ereignisse eintreten können.
Die bisher allgemein übliche Art der Zukunftsforschung ist oft phantasielos. Sie folgt einem vorgezeichneten Weg und erfaßt nur voraussehbare Abweichungen. Die Geschichte zeigt aber, daß immer wieder „unrealistische", „unmögliche", aber auch unvorhersehbare Ereignisse eintreten (nach J. Schrade).
Die Analysen der Zukunftsentwicklung, die die wirtschaftlichen und politischen Entscheidungen namhaft unterstützen sollen, sind daher oftmals ungenügend, denn

- sie sind der klassischen Denkweise untergeordnet;
- die Lösungen gehen alle in die gleiche Richtung;
- echte Alternativen fehlen;
- Analysen der Auswirkungen grundsätzlich anderer Zukunftsbilder fehlen.

Aus diesen Gründen ist bisher unser wirtschaftliches und politisches Entscheidungssystem mangelhaft, eine Erkenntnis, die auch in Ostländern zu finden ist. Erst das Öl-Ungleichgewicht hat die bisher dominierende, lineare deterministische Denkweise als Hauptursache von Fehleinschätzungen zukünftiger Entwicklungen einer breiten Öffentlichkeit aufgedeckt.
Immer wieder fehlt die Frage: Könnte es nicht auch ganz anders gehen? Und immer weigert man sich anzuerkennen, daß bisher unvorhersehbare Ereignisse eintreten können und werden.

IX. Energieversorgung – eine Hauptaufgabe der Technologie-Planung

Die Krankheit verschafft Befriedigung,
die es dem Kranken oft verwehrt,
gesund zu werden.

NATHALIE SARRAUTE

Da die Energie bei sehr vielen konkreten Anwendungen der Technologie-Planung eine wesentliche Rolle spielt und selbst auch in vielen Fällen eine Technologie-Planung erforderlich macht, geben wir im folgenden eine zusammenfassende Übersicht über diesen gesamten Problemkreis.

1. Energie als materielle Grundlage unserer Zivilisation

Die eminente Wichtigkeit der Energie für unsere Zivilisation erkennt man erst, wenn sie fehlt. Bis zum Ende der 60er Jahre war die Energie als volkswirtschaftlicher Faktor neben den Rohstoffen, der menschlichen Arbeitskraft und dem Kapital zwar erkannt; man war sich auch bewußt, daß billige Energie in ausreichender Menge eine wesentliche Voraussetzung für den Aufbau und das Funktionieren einer Zivilisation westlicher Art ist. Es stand jedoch nie zur Diskussion, ob es möglich sein würde, die Energie auch tatsächlich in ausreichender Menge zur Verfügung zu stellen. Was hat sich an dieser Situation Anfang der 70er Jahre geändert? Im Prinzip nichts!
Die Zuwachsraten des Energieverbrauchs entsprachen bis Ende 1973 denen früherer Jahrzehnte. Der Verbrauch an Rohöl ist beispielsweise von 1900 – 1972 um durchschnittlich 7% pro Jahr gestiegen, was jeweils einer Verdoppelung in einem Jahrzehnt entspricht. In den letzten 15 Jahren lag die Zuwachsrate

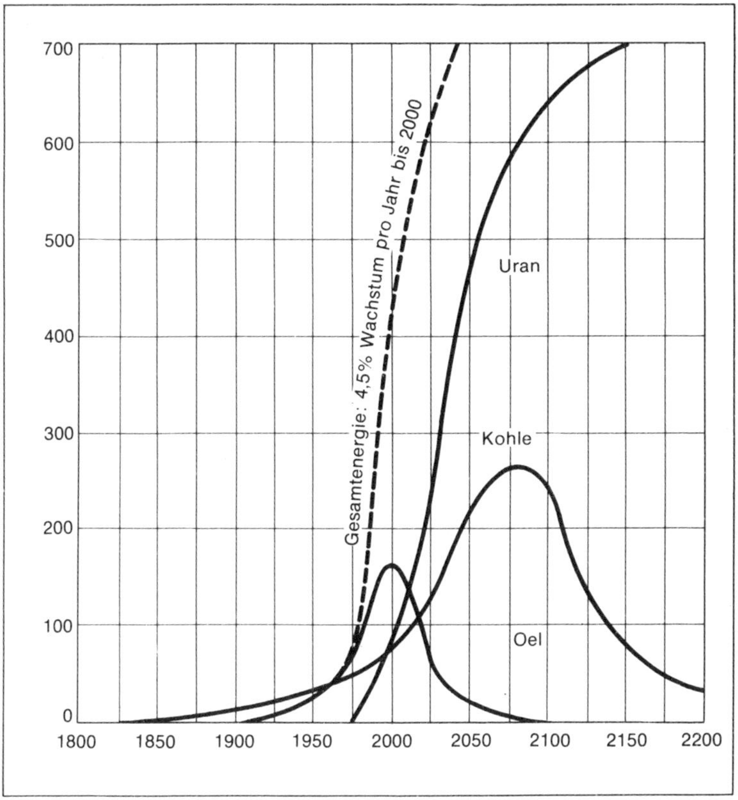

Abb. 23 Weltenergieverbrauch in Äquivalenten von Millionen Faß Öl pro Tag (Quelle: David G. Snow, Mai 1974)

sogar bei durchschnittlich 7,5% pro Jahr. Die Produktion erreichte bis zum Spätherbst 1973 die vorausgeplanten Mengen.
Erst die sogenannte Ölkrise im Winter 1973/74 machte einer breiten Öffentlichkeit deutlich, daß die Frage der Energieversorgung heute weltweit von umfassender Bedeutung ist.
Abb. 23 zeigt, in welchem Maße die wichtigsten Energieträger auf Grund ihres Vorkommens zur Deckung des weltweiten Energiebedarfs beitragen können. Es fällt auf, daß das Öl in einigen Jahrzehnten bereits eine abnehmende Bedeutung hat, die

Kohle hingegen erst etwa ein Jahrhundert später. Weiter läßt sich die erwartete dominierende Rolle der Kernkraftwerke ablesen. Trotzdem bleibt eine ungedeckte Lücke im Energieverbrauch, wenn dieser weiterhin mit 4,5% pro Jahr anwächst.
Abb. 23 soll lediglich die Größenordnung der Probleme andeuten. Wir werden anschließend die einzelnen Energieträger noch eingehender behandeln.

2. Quellen und Verbleib von Energie

Zur Klarstellung der Begriffe Primär- und Sekundärenergie sowie End- und Nutzenergie verweisen wir auf die in Abb. 24 wiedergegebenen Definitionen von H. Mandel.
Im Folgenden werden wir zunächst einen Überblick über die bisherige Entwicklung und die zukünftigen Perspektiven der wichtigsten Primärenergieträger geben, und sodann einige neue Aspekte der Sekundärenergie-Träger sowie des Energietransportes und -Gebrauchs erörtern.

Die fossilen Energiequellen

Unter fossiler Energie versteht man Brennstoffe, die durch Umwandlung einstiger tierischer oder pflanzlicher Materie entstanden sind und die im wesentlichen aus Kohlenstoff oder Kohlenwasserstoffen bestehen.
Abb. 25 gibt eine Übersicht über die bekannten und vermuteten Vorkommen an fossilen Brennstoffen, die für einen Abbau in Frage kommen. Besonders zu beachten ist, daß heute immer noch 2/3 des Welt-Energiebedarfs mit Rohöl gedeckt werden, wobei aber die nachgewiesenen Rohölvorkommen nur ca. 2% der gesamten fossilen Brennstoffe ausmachen (!). Allein hieraus resultieren enorme Impulse für die Technologie-Planung auf dem Sektor der Primärenergieträger.

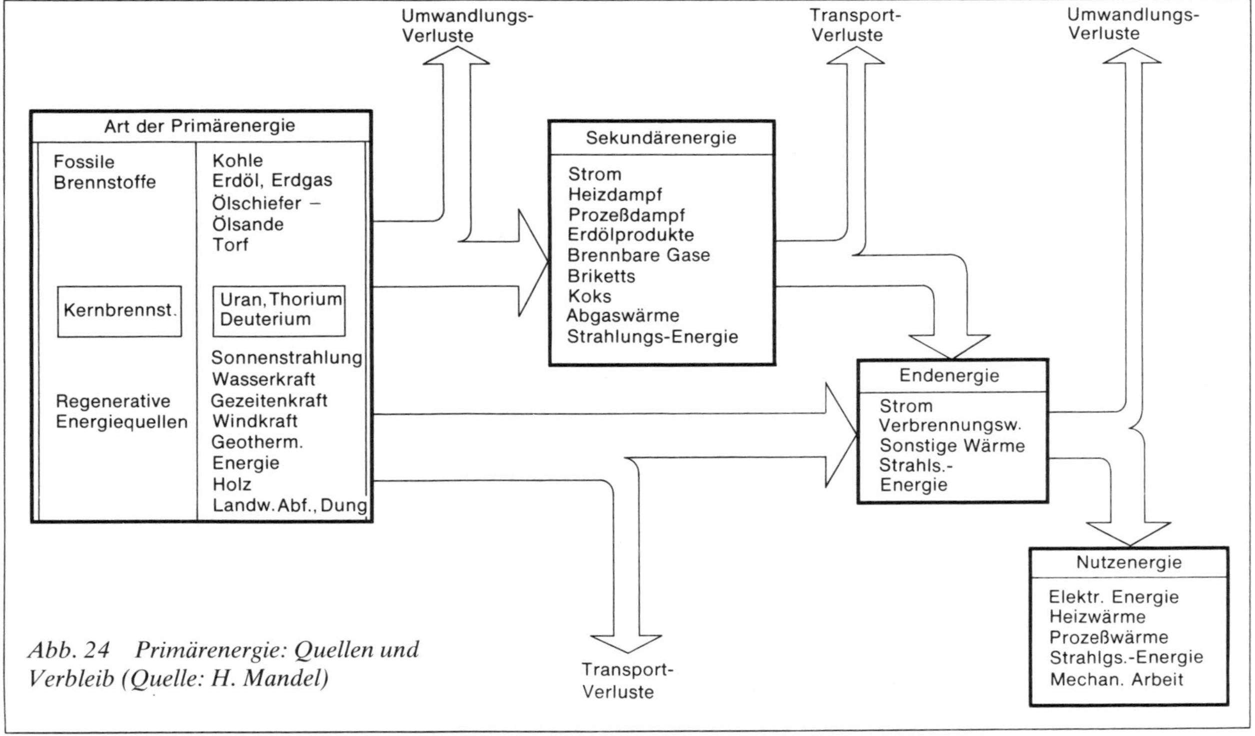

Abb. 24 Primärenergie: Quellen und Verbleib (Quelle: H. Mandel)

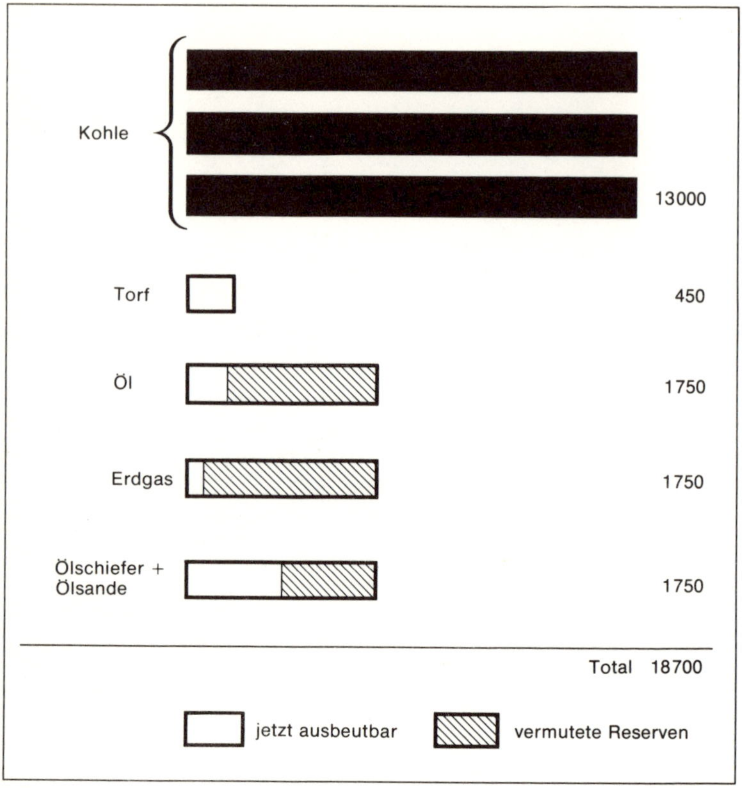

Quelle: SHELL

Abb. 25 Schätzung der wirtschaftlichen ausnutzbaren Vorräte an fossilen Brennstoffen der Welt in Milliarden Faß Öl-Äquivalent

Entsprechend der Bedeutung der verschiedenen fossilen Energiequellen für unsere Energieversorgung werden wir die Situation dieser verschiedenen Brennstoffe im Folgenden eingehender beleuchten.

Erdöl

Die bisherige Entwicklung der Erdölförderung in den wichtigsten Ölstaaten ist in Abb. 26 dargestellt. Wie zu erkennen ist, sind die USA und die UdSSR heute noch bei weitem die wich-

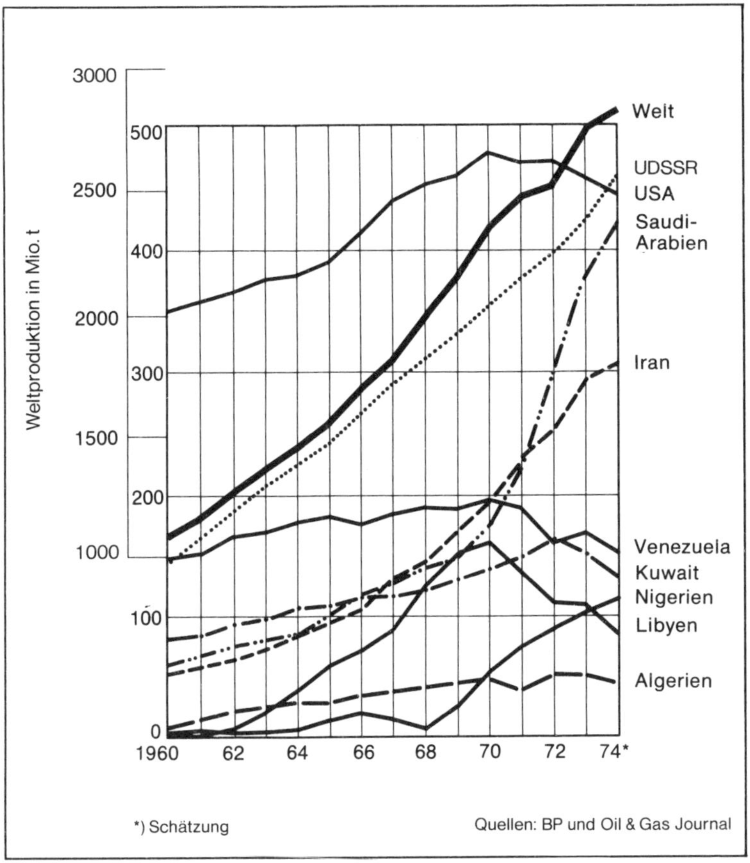

Abb. 26 Ölgewinnung bedeutender Ölförderländer

tigsten Förderländer. Allerdings warnen verschiedene Stimmen bereits seit einiger Zeit, daß die amerikanische Ölförderung nicht mehr wie in vergangenen Jahren steigerungsfähig sei, sondern den Gipfelpunkt ihrer Leistungsfähigkeit erreicht habe (Abb. 27). Diese Feststellung gilt prinzipiell auch unter Berücksichtigung der Ölfunde in Alaska, die zwar ein längeres Halten des heutigen Förderungsniveaus ermöglichen, jedoch keine wesentliche Steigerung zulassen.

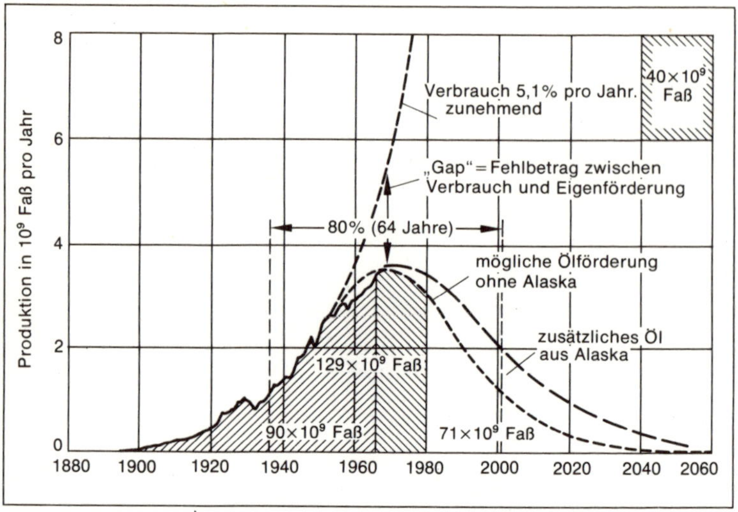

Quelle: King Hubbart in „Resources and Man“

Abb. 27 Kompletter Zyklus der Erdölproduktion in den USA

Nach den USA und der UdSSR stehen Saudi-Arabien und der Iran an dritter bzw. vierter Stelle der ölfördernden Länder. Beide haben in den letzten Jahren – wie auch Nigeria – ihre Förderung ganz drastisch erhöht und somit die gleichmäßige Steigerung des Weltölverbrauchs um durchschnittlich 7,5% pro Jahr ermöglicht. Im Gegensatz dazu haben Venezuela, Kuwait und vor allem Libyen ihre Ölförderung in den letzten Jahren nicht nur nicht erhöht, sondern z. T. aus rohstoffpolitischen Gründen reduziert, ebenso wie übrigens auch Kanada.

Daß die Überlegungen dieser Staaten zur Schonung der Reserven nicht ganz ungerechtfertigt sind, verdeutlicht Tabelle 6. Sie zeigt, daß die bisher bekannten sicheren Reserven bei Extrapolation der bisherigen Steigerungsraten in vielen Ländern bereits nach ein bis drei Jahrzehnten erschöpft wären. Eine weltweite Betrachtung führt unter diesen Voraussetzungen nur auf eine Lebensdauer der bekannten Reserven von 17 bis 18 Jahren, wenn die bisherige Steigerungsrate im Ölverbrauch beibehalten wird.

Tabelle 6: Ölproduktion und -Reserven der wichtigsten Ölländer. Vergleich der Situation vor und nach der Ölkrise.

	gesicherte Reserven		Ölproduktion		Lebensdauer bei gleichbleibender Förderung von 1962 – 1972		Veränderung der Förderung 1972 – 1974		Lebensdauer bei gleichbleibend zunehmender/ abnehmender Förderung	
	Ende 1972 Mio t	Ende 1974 Mio t	1972 Mio t	1974 * mio t	1972 Jahre	1974 Jahre	1962–72 % pro Jahr	1972–74 % pro Jahr	1972 Jahre	1974 Jahre
Saudi-Arabien	18 768	22 442	286	418	66	54	+ 14,2	+ 18,2	16	13
UdSSR	--	11 380	394	459	--	25	+ 7,8	+ 8,1	--	13
Kuwait	8 826	9 932	151	129	58	77	+ 5,1	– 11,3	27	> 100
Iran	8 840	9 004	252	305	35	30	+ 14,3	+ 10,4	12	13
USA	5 008	4 816	471	445	11	11	+ 2,6	– 2,8	9	13
Libyen	4 134	3 629	107	85	39	43	+ 28,4**	– 12,1	9	> 100
Nigerien	2 040	2 851	89	115	23	25	+ 38,1	+ 13,0	6	11
Venezuela	1 863	2 046	171	151	11	14	+ 0,2**	– 2,9	10	17
Algerien	6392	1 050	52	44	123	24	+ 9,7	– 8,9	26	> 100
Welt	90 690	97 639	2 610	2 825	35	35	+ 7,5	+ 5,8	17	18

* geschätzt
** Förderquote wurde in den letzten Jahren gedrosselt.

Quelle der Ausgangsdaten: BP und Oil and Gas Journal

Gegen diese Betrachtung läßt sich sicherlich einwenden, daß ja laufend neue Reserven entdeckt und erschlossen werden, und daß insbesondere der gestiegene Preis eine bessere Ausbeutung der bestehenden sowie die Erschließung vieler neuer Ölquellen ermöglicht. Selbst die Annahme wesentlich größerer Reserven führt jedoch nur zu einer relativ geringen Ausdehnung der Lebensdauer dieser Vorkommen, wenn man weiterhin die gleichen Steigerungsraten im Ölverbrauch zugrunde legt. Die zur Realisierung eines solchen Anstiegs jährlich erforderlichen absoluten Steigerungen würden dann gewaltige Dimensionen erreichen. Jedes Jahr hätte man Reserven zu finden, und vor allem auch zu erschließen, die doppelt so groß wie die neuen Vorkommen in Alaska sein müßten. Außerdem zwingt auch der inzwischen drastisch angestiegene Preis für das Rohöl zu einem sparsameren Umgang mit dieser Energie. Die Fortsetzung der bisherigen Wachstumsrate im Ölkonsum von ca. 7% pro Jahr erscheint daher unwahrscheinlich. Eher dürfte sich eine kräftige Reduktion der Steigerungsraten ergeben, wie sie bereits in Abb. 11 schematisch angedeutet ist.

Kohle

Ganz im Gegensatz zu den großen Kohlereserven, die etwa 70% der fossilen Brennstoffvorkommen der Erde ausmachen, steht die Entwicklung der Weltkohleförderung im Vergleich zu der von Erdöl (Abb. 28). Die Preisentwicklung in den letzten Jahrzehnten sowie das zunehmende Komfortbedürfnis haben den Erdölverbrauch stark gefördert.
Die jüngste Preisentwicklung auf dem Rohölmarkt läßt nunmehr die Kohle wieder konkurrenzfähig werden. Eine Anhebung der Kohleproduktion ist möglich, jedoch sicher nicht in dem vielfach erwarteten sprunghaften Ausmaß. Hemmende Faktoren beispielsweise für den Untertagabbau von Steinkohle sind die Unmöglichkeit, alte, einmal stillgelegte Bergwerke wieder in Betrieb zu nehmen und außerdem ein Mangel an qualifizierten

Bergleuten. Auch einer starken Steigerung des in einigen Gebieten möglichen Tagbaus von Stein- oder Braunkohle stehen Schwierigkeiten entgegen, wie z. B. die zum Schutze der Umwelt zu ergreifenden Maßnahmen beim sogenannten „strip-mining" (s. auch S. 59).

Erdgas

Bis vor wenigen Jahren nur von regionaler Bedeutung, steht das Erdgas heute an der 3. Stelle der Primärenergiequellen der Industrieländer. Die nutzbaren Reserven an Erdgas sind etwa gleich groß wie die an Öl.
In Europa sollen bis zum Jahr 1980 über 20% des Energiebedarfs durch Erdgas gedeckt werden, wobei die ausgedehnten Funde in der Nordsee eine gewisse Unabhängigkeit von Importen erwarten lassen. Anders ist die Situation in den USA, die bis vor einigen Jahren in ihrer Erdgasversorgung autark waren. Nunmehr nimmt der Importanteil stetig zu und 1980 dürfte er bereits über 25% liegen.
Der Transport des Gases, falls er nicht durch Pipelines möglich ist, verursacht zusätzlich große Kosten, z. B. für Verflüssigung und Spezialtiefkühlschiffe.

Ölschiefer und Ölsande

Während des arabischen Erdölembargos 1973/74 wurde viel von der Möglichkeit gesprochen, Öl aus Ölschiefern und Ölsanden zu gewinnen, die vor allem in Kanada und in den USA vorhanden sind. Die Schätzungen über die aus diesen Quellen gewinnbaren Energiemengen gehen weit auseinander. Jedoch dürften die in Schiefern und Ölsand enthaltenen und gewinnbaren Energiemengen insgesamt etwa in der gleichen Größenordnung liegen wie diejenigen der Reserven an konventionellem Erdöl bzw. an Erdgas.
Es muß jedoch beachtet werden, daß die Ölgewinnung aus diesen Mineralien recht aufwendig ist. Zur Erzeugung einer Tonne

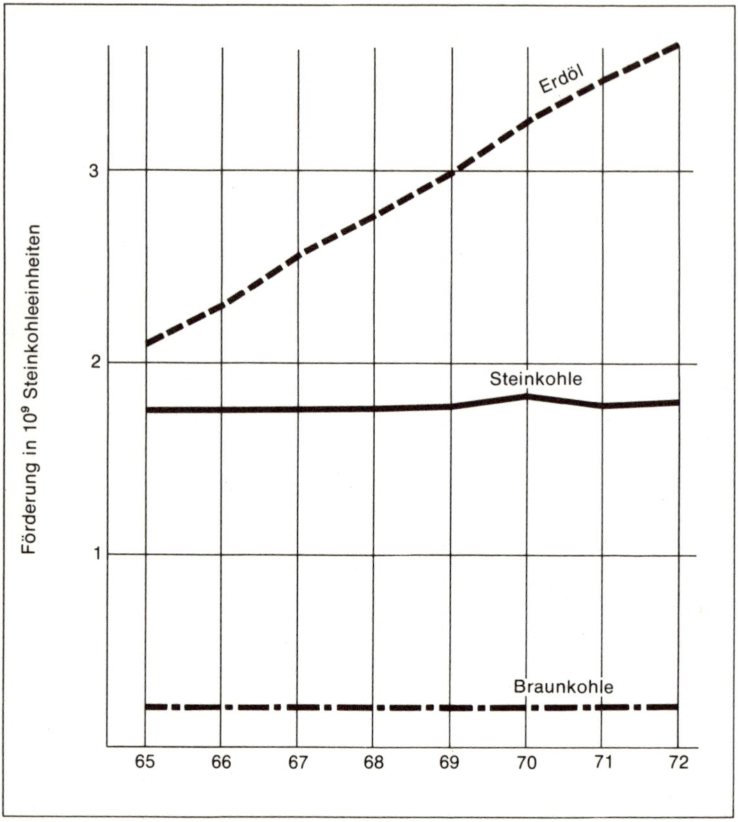

Abb. 28 Vergleich der Entwicklung der Welt-Kohle und Öl-Förderung (Quelle: Vereinigung Industrielle Kraftwirtschaft V. I. K. Essen Tätigkeitsbericht 1972/73)

Öl müssen z. B. bis über zehn Tonnen ölhaltiges Gestein abgebaut, transportiert, durch Erwärmung entölt, anschließend wieder zur Mine zurücktransportiert und abgelagert werden. Je ölärmer das Gestein, um so eher wird eine Grenze erreicht, bei der zur Erzeugung des Öls fast soviel Energie (teils in elektrischer Form) aufgewendet werden muß, wie gewonnen werden kann.

Außerdem müssen ähnlich wie beim „strip mining“ von Kohle die Gesichtspunkte des Umweltschutzes bzw. Landschaftsschutzes besonders beachtet werden, da sonst das für die Ölgewinnung „umgepflügte“ Gelände einer zu starken Bodenerosion unterworfen ist. Schließlich wird zur Ölgewinnung, z. B. aus den Ölschiefern im Westen der USA die 2- bis 3fache Menge an Wasser im Verhältnis zum gewonnenen Öl benötigt. Der Ölschiefer befindet sich aber in extrem trockenen Regionen! Das aus dieser Quelle gewonnene Öl wird daher in absehbarer Zukunft im Vergleich zur insgesamt benötigten Menge nur eine untergeordnete Rolle spielen. Etwas besser sieht es mit dem Ölsand in der Provinz Alberta in Kanada aus. Die Selbstkosten der Ölgewinnung lagen dort 1974 bei 8-9 $ je Barrel.*

Kernbrennstoffe

Von den in Abb. 24 angeführten Kernbrennstoffen Uran, Thorium und Deuterium wird in den nächsten Jahrzehnten das Uran bei weitem im Vordergrund stehen, so daß wir uns bei den folgenden Überlegungen im wesentlichen auf das Uran als Kernbrennstoff beschränken wollen.

Das in den heutigen Leichtwasser-Reaktoren eingesetzte spaltbare Uranisotop U_{235} ist im Natururan mit ca. 0.7% enthalten. Die natürlichen Uranvorräte sind – verglichen mit Erdöl – relativ gleichmäßig über die Erdoberfläche verteilt, mit größeren Vorkommen in den USA, in Kanada, Australien und Afrika sowie auch in Westeuropa. Die bisher als „sicher“ in der westlichen Welt eingestuften Uranvorräte, die bis zu einem Preis von \$ 22.5/kg U_3O_8 gewinnbar sind, belaufen sich auf etwa 1.4 Millionen Tonnen. Eine weitere Million Tonnen gilt in der Preisklasse bis \$ 33.75/kg U_3O_8 ebenfalls als gesichert.

Diesen Reserven steht aber eine geradezu sprunghafte Bedarfssteigerung in den nächsten Jahren gegenüber. Die jüngste Ent-

* 1 Barrel (= 1 Fass) = 159 ltr

wicklung auf dem Erdölmarkt hat viele Länder zu einer „Flucht" in die Atomenergie getrieben: In der Europäischen Gemeinschaft z. B., wo bis Ende 1973 42 Kernkraftwerke mit einer Leistung von 12.200 MWe in Betrieb waren, sollen bis 1980 weitere 48 Kernkraftwerke mit einer Leistung von 44.600 MWe (= 44,6 GWe) in Betrieb kommen*. Nach Schätzungen der Energiekommission der EG sollen bis zum Jahr 1985 sogar über 172 Kernkraftwerke mit einer Leistung von total 140 GWe verfügbar sein. Allein in Frankreich wird 1974/75 mit dem Bau von 13 Atomkraftwerken begonnen, weitere 6 – 7 Kraftwerke pro Jahr sollen in den nächsten Jahren folgen. Auch in der Bundesrepublik Deutschland soll die nukleare Stromerzeugung sprunghaft zunehmen. Die heute installierte Leistung von 2400 MWe soll sich bis 1980 nahezu verachtfachen und bis 1985 erneut mehr als verdoppeln. Ähnlich liegen die Verhältnisse in den übrigen europäischen Staaten.

Diese rasche Entwicklung bleibt nicht auf den Reaktorbau allein beschränkt, sondern erfordert auch einen entsprechenden Ausbau der Urananreicherungsanlagen sowie Aufbereitungsanlagen für verbrauchte Brennelemente, da sonst bei mangelndem Zubau sehr schnell Engpässe entstehen könnten.

Eine Abschätzung der Lebensdauer der heute als sicher geltenden Uranreserven angesichts der sich aus den oben skizzierten Bauplänen ergebenden raschen Nachfrageentwicklung führt zu einem keineswegs erfreulichen Resultat: Die zunächst sicheren Uranvorräte der unteren Preisklassen reichen zur Bedarfsdekkung nur bis etwa 1990 (Abb. 29). Bereits ab 1975 müssen zusätzliche Mengen von nahezu 150.000 t pro Jahr entdeckt werden, um eine wünschenswerte Vorratssituation zu schaffen.

Dazu ist allerdings zu bemerken, daß die Prospektionsbemühungen wegen des zunächst geringen Bedarfs bis vor kurzem

---

*Eine Million KW = 1 Megawatt = 1 MW, 1000 MW = 1 Gigawatt = 1 GW

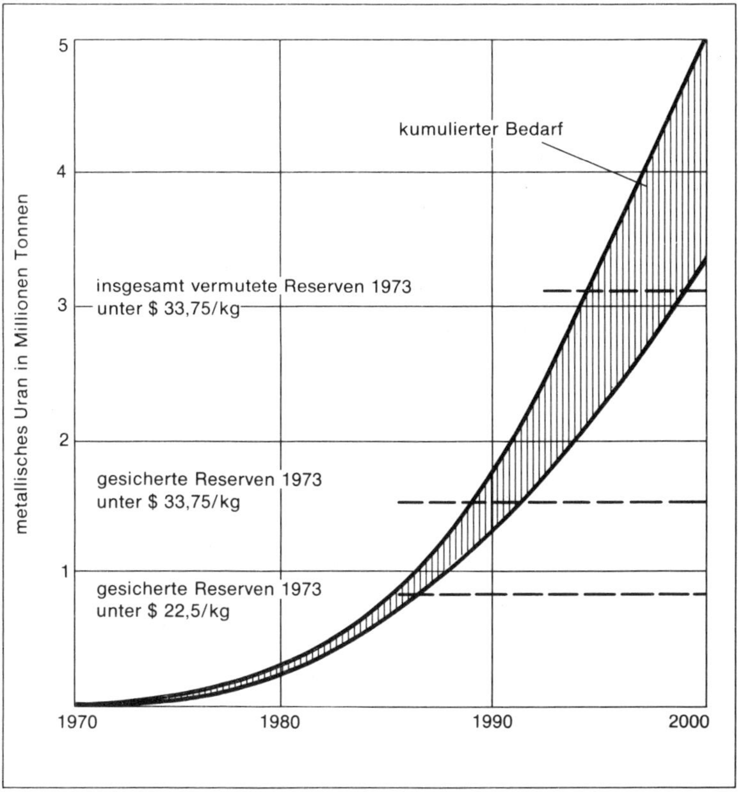

Abb. 29 Schätzung des Uranbedarfs und der Uranreserven in der westlichen Welt (Quelle der Ausgangsdaten: Nuclear Energy Association, International Atomic Energy Agency)

nicht sehr groß waren. Die Funde in den letzten Jahren lassen aber auf wesentlich größere als die bisher gesicherten Vorräte schließen. Auf jeden Fall sind erheblich größere Mengen in höheren Preisklassen vorhanden. Außerdem ist festzuhalten, daß sich selbst eine drastische Verteuerung des Brennstoffs nur stark reduziert auf den Preis der nutzbaren Energie, d. h. den Strom, übertragen würde, da die Brennstoffkosten heute nur einen Anteil von etwa 5% an den Gesamtkosten des Stroms aus einem Kernkraftwerk haben.

Eine weitere Entlastung auf dem Rohstoffsektor verspricht man sich von der Einführung des sogenannten schnellen Brüters, der mehr Spaltstoff erzeugt, als er selbst benötigt. Allerdings treten bei diesem Reaktortyp spaltbare Produkte mit einer Halbwertzeit von über 20.000 Jahren auf, für die das Entsorgungsproblem noch keineswegs gelöst ist.

Fachleute in Europa, USA und Japan sprechen den schnellen Brütern bis auf weiteres jede reelle Chance ab, eine breite industrielle Nutzung zu erlangen, solange die Gefahren dieses Reaktortyps nicht klar beherrscht werden.

Ein sehr interessantes Potential haben heliumgekühlte Hochtemperatur-Reaktoren (HTR), die bis zu 80% des Brennstoffes selbst erbrüten können, ohne Gefahrenmomente aufzuweisen, die noch nicht beherrschbar sind. Dieser Reaktortyp liefert außerdem wertvolle Prozeßwärme zwischen etwa 800° und 900° C, die zur Vergasung von Kohle oder zur Erzeugung von Wasserstoff nutzbar gemacht werden kann. Auf die zugeordnete Technologie-Planung gehen wir später nochmals ein (S. 174).

Der sogenannte Fusionsreaktor könnte ebenfalls eine weitgehende Lösung des Rohstoffproblems bedeuten. Erste Anzeichen für eine erfolgreiche Lösung der mit ihm verbundenen, äußerst komplexen technischen Probleme liegen heute vor, dennoch kann ein umfassender Einsatz solcher Anlagen kaum vor dem Jahr 2000 erwartet werden.

Regenerative Energiequellen

Im Gegensatz zu den bisher beschriebenen Primärenergieträgern, die früher oder später erschöpft sein werden, liegt hier der ideale Fall vor, daß entweder wie bei der Wasserkraft – oder auch beim Holz – jedes Jahr neue „Ernten“ möglich sind oder aber, daß ein stetiger Zufluß von Energie erfolgt, wie bei der Sonnenenergie, der geothermischen Energie oder der z. B. durch Ausnützung von Gezeiten oder Strömungen aus dem

Meer entnommenen Energie. Diese Energieformen sind für viele Menschen eine Art Rettungsanker in der sich abzeichnenden Energieverknappung geworden. Dazu ist festzustellen:
Es ist sicher notwendig, daß die verstärkte Nutzbarmachung dieser Energieformen ins Auge gefaßt wird. Man muß sich jedoch darüber im klaren sein, daß sie alle zusammen nur wenige Prozente des gesamten Energiebedarfs decken können. Weiterhin muß beachtet werden, daß sie – zumindest in der näheren Zukunft – nur regionale Bedeutung haben können wie z. B. geothermische Energie in Norditalien, auf den Philippinen oder in Kalifornien, und daß zum Teil noch umfangreiche Entwicklungsarbeit geleistet werden muß (Nutzung der Sonnenenergie). Selbst als umweltfreundlich geltende Energiegewinnungsmethoden, wie der Bau von Wasserkraftwerken, stoßen oftmals auf Widerstand, nachdem in manchen Fällen negative ökologische Auswirkungen früherer Bauten vor allem in tropischen Regionen zu Tage treten, wenn auch hier noch ein bedeutendes Potential zu erschließen ist (siehe Tab. 7). Diese Tatsachen gilt es in eine Technologie-Planung einzubeziehen.

Tabelle 7.
Das Wasserkraft-Potential der Welt und seine gegenwärtige Nutzung

	Wasserkraft-potential* 1000 MW	Heutige Kapazität 1000 MW	Gegenwärtige Nutzung %
Afrika	437	8	2
Asien (ohne UdSSR)	684	47	7
Europa (ohne UdSSR)	215	104	48
UdSSR	269	32	12
Nordamerika	330	90	30
Südamerika	288	19	7
Ozeanien	37	8	21
Welt total	2 261	307	14

* Kapazität, die bei durchschnittlicher Wasserführung ausgenutzt werden kann.
(Quelle: Survey of energy resources, World energy conference 1974)

3. Die bisherige Verwendung der Energie

Nachdem in den vorangegangenen Abschnitten eingehend auf die Quellen der Energie eingegangen wurde, sollen im folgenden einige Anmerkungen über die Verwendung der Energie gemacht werden.

Tab. 8 gibt für die Schweiz eine Aufgliederung der verschiedenen Energieträger nach Nutzenergien. Man erkennt, daß nahezu 4/5 der eingesetzten Energie als Wärme verbraucht wird. Mechanische Arbeit inklusive Transport, sowie die anderen Nutzenergiearten wie Chemie und Licht folgen erst mit einigem Abstand.

Die große Bedeutung der Wärmeerzeugung in unserem Energieverbrauch kommt auch in Abb. 30 zum Ausdruck, die den Anteil der verschiedenen Verbrauchergruppen am Mineralölmarkt der Bundesrepublik Deutschland darstellt. Auch hier zeigt es sich, daß Heizöl (schweres und leichtes zusammen) na-

Tabelle 8.
Schweiz 1972. Aufgliederung des Energieverbrauchs nach Energieträgern

TWh	%		TWh	
0.2	0.2	Licht, Kommunikation		
3.6	3.5	Chemie, davon	0.2 2.5 0.9	feste Brennstoffe Elektrizität flüssige Brennstoffe
17.7	17.4	Mechanische Arbeit incl. Transportsektor, davon	8.2 9.5	Elektrizität flüssige Brennstoffe
80.2	78.9	Wärme, davon	3.4 1.7 8.9 66.2	feste Brennstoffe Gas Elektrizität flüssige Brennstoffe
101.7	100			

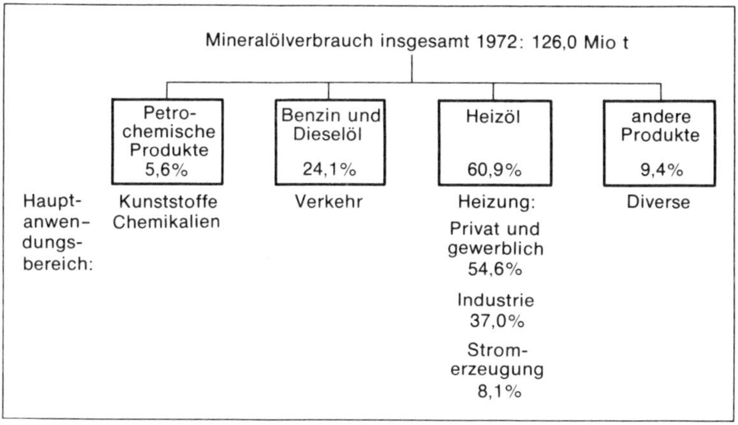

Abb. 30 Der Mineralölmarkt der BRD 1972

Quelle: Esso

hezu 2/3 des gesamten Mineralölabsatzes ausmachen, wovon rund 55% für Heizzwecke im Haushalt und Gewerbe und 37% für Heizzwecke in der Industrie eingesetzt werden.

Der überwiegende Anteil der Wärmeerzeugung und Heizung am Gesamtenergieverbrauch führt zwangsläufig zu der Schlußfolgerung, daß bereits relativ geringfügige Veränderungen des Heizbedarfs sich stark auf den Gesamtenergiebedarf auswirken. Der Heizbedarf seinerseits wird vor allem durch die Isolation der beheizten Räume bestimmt. Da die Isolation oftmals in erster Linie eine Geldfrage ist, richtet sich ihre Auslegung ganz wesentlich nach den jeweiligen Energiepreisen: Das billige Öl der letzten Jahre sorgte z. B. für niedrige Heizkosten, demzufolge war es wirtschaftlich, auf gute Isolation zu Gunsten niedriger Baukosten zu verzichten und eine etwas höhere Brennstoffrechnung in Kauf zu nehmen.

So verständlich dieser Standpunkt unter dem Gesichtspunkt der Wirtschaftlichkeit ist, so zweifelhaft war er sicherlich auch bisher schon unter dem Gesichtspunkt der Schonung der Rohstoffe, wobei allerdings dieser Aspekt in der Öffentlichkeit bisher kaum Beachtung fand. Die drastisch gestiegenen Ölpreise, denen sich die Preise der übrigen Energieträger wohl früher oder später anschließen werden, werden ohne Zweifel bald zu einer Neuorientierung bei der Ausführung der Bauten führen.

Im Rahmen der Gesamtbetrachtung, wie sie ja in der Technologie-Planung anzustreben ist, darf aber nicht übersehen werden, daß neben der Isolierung auch die Häufigkeit der Luftwechsel den Heizbedarf eines Raumes ganz wesentlich beeinflußt.

Tab. 9 zeigt beispielsweise, daß bei einem typischen Wohnraum eine Verbesserung des Isolationswertes um einen Faktor 2 nur eine Verringerung des Heizbedarfes um ca. 7% mit sich bringt, während eine Verringerung der stündlichen Luftwechsel von 4 auf 1 den Heizbedarf um stolze 61% reduziert! Da nun aber die Zahl der Luftwechsel, d. h. die Frischluftzufuhr, aus Gründen des Komforts nicht beliebig gedrosselt werden kann, ist es naheliegend, durch einen geeigneten Wärmetauscher einen Großteil der durch den Luftaustausch verlorengehenden Wärme zurückzugewinnen.

Diese Überlegungen sollen die absolute Notwendigkeit von Gesamtbetrachtungen im Rahmen einer Technologie-Planung verdeutlichen.

Nachdem wir hiermit einige Schlaglichter auf den bisherigen Energieverbrauch geworfen haben, ergibt sich die Frage nach

Tabelle 9. Heizbedarf eines Wohnraumes in Abhängigkeit von Isolation und Luftwechsel

K-Wert*	Luftwechsel	Heizbedarf
1	4 mal pro h	100%
0.5	4 mal pro h	93%
1	1 mal pro h	39%

* Der K-Wert in $\frac{\text{kcal}}{\text{m}^2 \cdot \text{h}\,°\text{C}}$ gibt an, welche Wärmemenge in einer Stunde pro Grad Celsius Temperaturdifferenz durch eine Wandfläche von 1 m^2 hindurchgeht. Je kleiner dieser Wert, desto höher ist die Isolationsfähigkeit der Wand.

der zukünftigen Verwendung der Energie. Hierauf soll im nächsten Abschnitt eingegangen werden.

4. Der Energiemarkt der Zukunft

Die grundsätzliche Fragestellung ist die folgende:
Wie werden sich Angebot und Nachfrage auf dem Energiesektor angesichts der Energielücke weiter entwickeln?
Hierbei interessieren z. B. die folgenden Fragen:

– Wird das Rohöl in Zukunft seine dominierende Bedeutung behalten?
– Welche Bedeutung werden die Kohlevorkommen in den nächsten Jahrzehnten haben?
– Welche Möglichkeit wird die Kernkraft zur Deckung unseres Energiebedarfs in den nächsten 10 – 20 Jahren haben?
– Welche Energiearten müssen bis auf weiteres als utopisch gelten?
– Welche neuen Arten der Energieanwendung werden in den nächsten Jahrzehnten an Bedeutung gewinnen?

Aus Fragen dieser Art resultiert schließlich ein Scenario, welches für einen umrissenen Marktbereich die Bereitstellung der Energie für die übersehbare Zukunft definiert.
In Abb. 31 ist ein solches Scenario für die USA wiedergegeben, wobei die Kernenergie in diesem Scenario eine ganz entscheidende Bedeutung erhält, während Erdöl und Erdgas zur Neige gehen. Dabei spielt sowohl das Alaska-Erdöl eine relativ bescheidene Rolle wie auch das aus Ölschiefer gewonnene Öl. Andererseits steigt der Verbrauch an Kohle und der aus ihr gewonnenen gasförmigen und flüssigen Energieträger.
Das Scenario geht des weiteren davon aus, daß die Energieeinfuhr in engem Rahmen begrenzt bleibt, so daß die Energielücke

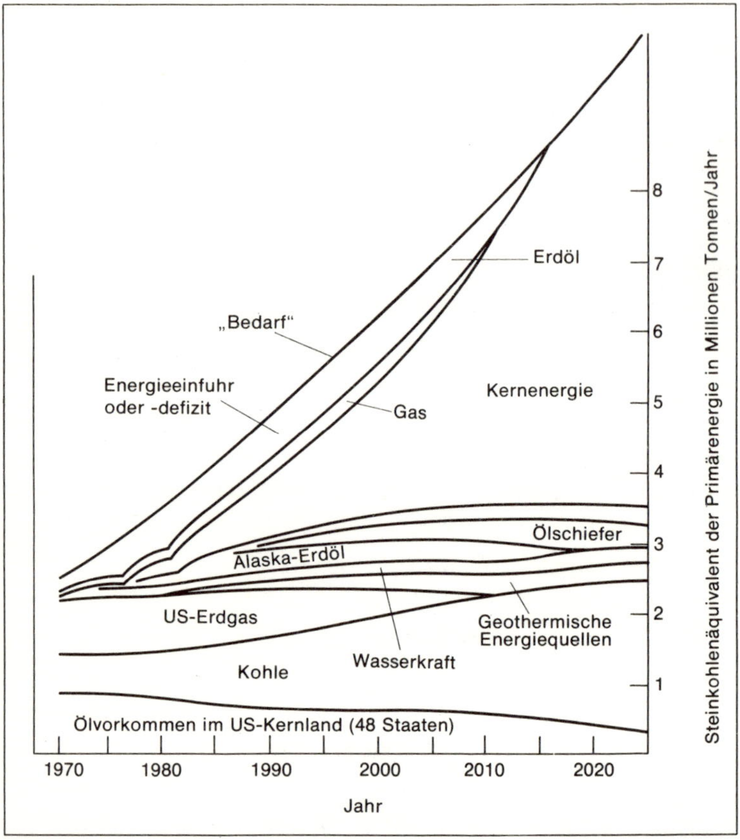

Abb. 31 Verteilung der Primärenergien in den Vereinigten Staaten bei einem auf Kernenergie „setzenden" Szenario (Quelle: Mesarović und Pestel)

hauptsächlich aus Kernenergie innerhalb der USA gedeckt werden muß.

Mesarović und Pestel, welche dieses Scenario untersucht haben, weisen darauf hin, daß es sich hier um eine rein technologische Lösung des Energieproblems handelt, wie diese aus der Problemsicht eines „technologischen Optimisten" bereitgestellt wird. Daß die USA jemals in einem dominierenden Ausmaß von Kernenergie abhängig werden, wie dies nach Abb. 31 bereits im Jahre 2000 der Fall wäre, wird von kompetenter Seite bezweifelt.

Zur Aufrechterhaltung eines Gleichgewichts zwischen Energienachfrage und Energieversorgung lassen sich grundsätzlich die folgenden drei Möglichkeiten unterscheiden:

1. Verstärkte Nutzbarmachung von Energiequellen
2. Bessere Nutzung der verfügbaren Energie
3. Beschränkung des Energieverbrauchs

Im Rahmen einer Technologie-Planung sollten sämtliche möglichen Alternativen untersucht werden, damit aufgrund eines gründlichen Vergleichs der verschiedenen Möglichkeiten eine Entscheidung über die zu treffenden Maßnahmen gefällt werden kann.

Verstärkte Nutzbarmachung von Energiequellen

Verknappung und Verteuerung des Öls haben zu einer Art „Flucht nach vorne", d. h. zu einer Bemühung um eine beschleunigte Ausbeutung und Nutzbarmachung anderer Energiequellen geführt.
Im Mittelpunkt dieser Bemühungen steht z. Zt. der schnellstmögliche Ausbau der Kernkraftwerkkapazität. An dieser Stelle muß jedoch vor Euphorie gewarnt werden. 25 Jahre intensiver, kostspieliger Entwicklungsarbeiten waren notwendig, um die Gewinnung von elektrischer Energie aus dem Kernspaltungsprozeß großtechnisch nutzbar zu machen.
Im Verlaufe dieser Entwicklungsarbeit mußten viele Illusionen aufgegeben werden. Die Menschheit muß, will sie Kernenergie verwenden, mit einem kalkulierten Risiko leben. Hierzu gehören Probleme bei der Lagerung und beim Transport umfangreicher Mengen hochradioaktiven Materials, Sabotageakte oder

Entwendung von spaltbarem Material, Probleme durch riesige Mengen an Abwärme und schließlich eine geringfügige radioaktive Verseuchung der Umwelt mit der Möglichkeit, daß sich radioaktive Substanzen in Nahrungsmittelketten anreichern.
Besonders schwerwiegende Bedenken bestehen gegen die schnellen Brüter, die der Menschheit für ganze Generationen erhebliche Gefahren bescheren. Die aufgrund dieser Probleme geäußerten Argumente gegen die Atomkraft sind keineswegs Naturaposteln oder „Spinnern" vorbehalten. Auch die Befürworter der Kernenergie sollten anerkennen, daß ein echtes Technology Assessment, d. h. die Suche nach unbeabsichtigten, ja sogar noch nicht aufgetretenen, aber möglichen Auswirkungen das legitime Recht und sogar die Pflicht von Öffentlichkeit, Regierung und auch Industrie ist. Alle diese Instanzen sind sich zwar heute prinzipiell über die angeführten Probleme im klaren, unterschiedliche Auffassungen bestehen jedoch in ihrer Bewertung. Hier muß durch gemeinsames Bemühen, z. B. im Rahmen eines gemeinsamen Technology Assessment, noch der Weg zu einer von allen akzeptierten Lösung gesucht werden.
Während die bisher aufgeführten Überlegungen in erster Linie der Unterscheidung des technisch Machbaren vom Wünschbaren galten, sind auch unter dem rein technisch/wirtschaftlichen Aspekt noch einige Fragezeichen an die Entwicklungspläne für die Kernenergie zu setzen:

– Wird die Leistungsfähigkeit der Kraftwerkindustrie für den geplanten, schnellen Bau von Kraftwerken und auch der dazugehörigen elektrischen Verteilsysteme ausreichen?
– Läßt sich der häufig weit unterschätzte Kapitalbedarf für den Bau der Kraftwerke wie auch ihrer Ver- und Entsorgung mit Brennstoffen decken, oder wird es neben der Energielücke möglicherweise auch zu einer Finanzlücke kommen?
– Stehen die für den raschen Kraftwerksbau erforderlichen Rohstoffe und Energievorleistungen überhaupt zur Verfügung?

Faßt man die oben zusammengestellten Überlegungen zusammen, so drängt sich die Schlußfolgerung auf, daß der rasche und durch die Ölkrise sogar noch beschleunigte Ausbau der Kernenergie teilweise unsicher ist, wenn auch längerfristig gesehen die Nutzung dieser Energiequelle sowohl notwendig als auch durch den Einsatz verbesserter Technologien ökologisch vertretbar sein dürfte.
Neben der Kernenergie wird z. Zt. auch über die rasche Erschließung einer Reihe anderer Energiequellen diskutiert. Wie bereits erläutert, wird eine verstärkte Nutzbarmachung beispielsweise von Erdgas, Kohle und Wasserkraft, sowie längerfristig von Sonnenenergie, sicherlich möglich sein. Keiner dieser Energieträger wird jedoch in absehbarer Zukunft die dominierende Rolle des Öls übernehmen können.

Neue Wege der Nutzung der verfügbaren Energie

Strebt man eine vermehrte Nutzung der verfügbaren Energie an, so wird es nötig sein, die vorhandene fossile Primärenergie in eine für die Anwendung möglichst geeignete Form zu bringen, d. h. es müssen neue Sekundärenergieträger entwickelt werden.
Viele Bemühungen zielen darauf ab, Alternativstoffe zum Öl zu entwickeln, die sich ebenso einfach transportieren und speichern lassen und die ähnlich vielseitig verwendet werden können.
Als solche Energieträger sind besonders aktuell:

- Gas aus Kohle oder anderen fossilen Brennstoffen
- Methanol
- Wasserstoff
- Gasgemische mit Latentwärmespeicherung
- Ammoniak
- Kohlegranulat oder „slurry“

– Leicht hydrierte Kohle, wobei man eine Art Schweres Heizöl erhält

Im folgenden soll auf einige dieser neuen Energieträger näher eingegangen werden.

Methanol

Zur Herstellung von Methanol aus Kohle oder Erdgas bestehen wohlbekannte Verfahren. Daneben sind neuere Prozesse in der Entwicklung, die im folgenden kurz beschrieben werden:
Abfackelgas steht in den Ölfeldern in großen Mengen zur Verfügung, allein in Saudi-Arabien sollen täglich über 10^8 m^3 abgefackelt werden. Es konnte bisher aufgrund von sehr stark variierendem Heizwert und Wassergehalt nicht wirtschaftlich genutzt werden, neuere Projekte sehen jedoch seine Verwendung zur Herstellung von Methanol vor.
Nach neuen Verfahren soll Kohle in situ, d. h. im Boden, in Methan umgewandelt werden können, das leicht weiter zu Methanol verarbeitet werden kann. Bei geringer Beeinträchtigung der Umwelt könnten danach Kohlevorkommen auch in größeren Tiefen ausgebeutet werden. Das Verfahren soll auch für Ölschiefer anwendbar sein. Das Verfahren bedarf aber noch der Bestätigung im Großversuch.
Verfahren zur Herstellung von Methanol aus Kohle mittels Prozeßwärme von Atomreaktoren befinden sich noch in frühen Entwicklungsstadien.
Methanol dürfte in erster Linie als Treibstoff für Automobile in Frage kommen. Auf den Energieinhalt bezogen soll Methanol aus Erdgas bereits heute mit Benzin aus Erdöl preislich konkurrieren können.
Es kann dem Benzin entweder beigemischt werden, was bis zu einem Methanolgehalt von ca. 15 – 25% noch keine wesentlichen Änderungen am Motor erfordert, oder aber auch in reiner

Form verwendet werden, wozu allerdings eine Anpassung des Motors notwendig ist.
Methanol zeichnet sich gegenüber Benzin aus durch:

- weitgehend schadstoffreie Verbrennung
- Steigerung des Wirkungsgrades infolge hoher Verdampfungswärme (Innenkühlungseffekt)
- höhere Klopffestigkeit.

Als Nachteile sind zu nennen:

- Niedriger Heizwert von Methanol erfordert ca. doppelte Tankgröße (und -Gewicht);
- Kaltstart schwierig;
- Methanol nimmt Wasserdampf aus der Luft auf.

Methanol wurde früher bereits als Motorentreibstoff verwendet, insbesondere im Motorrennsport. Heute befinden sich bei vielen Automobilherstellern Versuchsfahrzeuge im Einsatz. Der Methanolbetrieb scheint von der Motorenseite gelöst zu sein.
Problematischer erscheint im Augenblick der Aufbau einer Produktion in großem Maßstab. Methanol bietet bezüglich der Verteilung gegenüber anderen neuen, meist gasförmigen Energieträgern allerdings den Vorteil, daß es prinzipiell in den bereits bestehenden Tankstellensystemen gehandhabt werden kann.

Wasserstoff

Zur großtechnischen Herstellung von Wasserstoff gibt es mehrere Möglichkeiten: Neben der Kohlevergasung ist die Elektrolyse von Wasser seit langem bekannt und scheint vor allem dort sinnvoll einzusetzen zu sein, wo überschüssige, elektrische Energie zur Verfügung steht. Dies kann z. B. zu Zeiten niedriger Belastung des Verbund-Netzes (Nachtstrom) der Fall sein, oder aber auf sogenannten „elektrischen Inseln“, die über eine große Produktionskapazität, jedoch nicht über die entsprechenden

Verbrauchsmöglichkeiten verfügen. Eine solche Situation liegt z. B. am Assuan-Damm in Ägypten vor, wo Kapazitäten für die Produktion von 40.000 m³ Wasserstoff je Stunde bestehen.
Neuerdings bemüht man sich auch, Wasserstoff aus Wasser durch thermochemische Verfahren mittels direkter Umwandlung von thermischer Energie, vorzugsweise von Hochtemperatur-Reaktoren, herzustellen. Eine Anzahl solcher meist komplizierter Prozesse wird derzeit untersucht. Je nach Verfahren und ausnützbarer Temperatur-Differenz sollen recht günstige Wirkungsgrade erreichbar sein. Diese Prozesse befinden sich allerdings zum größten Teil noch in der ersten Phase der Untersuchungen, so daß mit einer Realisierung erst langfristig gerechnet werden kann.
Dem Wasserstoff bietet sich ein breites Spektrum verschiedenster Anwendungs-Möglichkeiten. Er kann praktisch überall dort eingesetzt werden, wo heute Erdöl oder Erdgas als Brennstoff und Reduktionsmittel verwendet wird. In vielen dieser Anwendungsbereiche wäre seine Verwendung nicht einmal völlig neu, sondern es könnte auf bereits bekannte, eventuell noch zu verbessernde Technologien zurückgegriffen werden, die bisher vor allem aus wirtschaftlichen Gründen noch nicht zum Tragen kamen:

– Verkehr:

Wasserstoff-Motoren wurden bereits 1928 erfolgreich erprobt, modernere Entwicklungen schließen auch den Wankel-Motor mit ein. Vor allem bezüglich niedriger Pollution stellt Wasserstoff einen idealen Treibstoff dar, das Verbrennungsprodukt ist Wasserdampf, es entstehen also keine Emissionen von Kohlenmonoxid oder Kohlenwasserstoffen und auch die Bildung von Stickoxiden kann stark reduziert werden.
Besonders aussichtsreich scheint die Verwendung von flüssigem Wasserstoff als Treibstoff für Flugzeuge zu sein. Die erforderlichen Tanks hätten zwar den 2- bis 3fachen Raumbedarf gegen-

über den herkömmlichen Tanks für Kerosin, ihr Gewicht wäre jedoch um den gleichen Faktor niedriger. Eingehende Studien haben z. B. gezeigt, daß ein für H_2-Betrieb modifizierter Jumbo-Jet eine um 1/3 größere Nutzlast aufnehmen könnte.

– Haushalt:
Hier ist Wasserstoff bereits seit langem bekannt und eingeführt, und zwar in Form von Stadtgas, das 50 – 80% H_2 enthält. Sodann könnte per Gasleitung angelieferter Wasserstoff zur Stromerzeugung dienen (fuel elements) oder zur Feuerung von Heizungsanlagen.

– Eisenerzreduktion:
Auch hier gibt es bereits eingehend untersuchte Verfahren.

– Produktion von Nahrungsmitteln:
Bestimmte Mikroorganismen können Wasserstoff als Energiequelle verwenden und so zur Produktion von Proteinen benützt werden.

Aufgrund dieser vielfältigen Verwendungsmöglichkeiten wird häufig von einer „Wasserstoff-Welt" gesprochen, die man zu erreichen sucht.

Im Gegensatz zur Elektrizität kann Wasserstoff relativ einfach gespeichert werden:

– in verflüssigter Form bei ca. – 253°C. Dies ist eine erprobte Technologie. Die hohen Verflüssigungskosten beeinträchtigen jedoch die Wirtschaftlichkeit dieses Verfahrens.

– Durch Bildung von Metallhydriden (z.B. MgH_2), die durch Erwärmen leicht gespalten werden können. Auf diese Weise kann volumenbezogen eine höhere Speicherdichte erreicht werden als bei verflüssigtem Wasserstoff.

– In Druckbehältern: Ebenfalls wohlbekannte Technologie, allerdings relativ großer Aufwand an Gewicht und Volumen.

– Durch Umsetzung mit Stickstoff aus der Luft zu Ammoniak, was z. B. den Abtransport der Energie aus „elektrischen Inseln" wesentlich erleichtert.

In großen Mengen kann Wasserstoff ähnlich wie Erdgas auch in unterirdischen Salzkavernen oder ausgebeuteten Erdgasfeldern gelagert werden.
Der Transport von gasförmigem Wasserstoff durch Pipelines über weite Strecken ist wirtschaftlicher als der Transport von Elektrizität. Die Transportkosten für Wasserstoff sind dabei ca. 2,5 mal höher als bei Erdgas. Ein Netz von Wasserstoff-Pipelines besteht bereits in der BRD mit einer Länge von 300 km. Insgesamt gesehen scheint, ähnlich wie beim Methanol, das Hauptproblem des „Wasserstoff-Scenarios" eindeutig bei der wirtschaftlichen und energieeffektiven Produktion von Wasserstoff in großen Mengen zu liegen, während für seine Verwendung bereits eine Vielzahl von Technologien besteht. Die angestrebte „Wasserstoffwelt" wird sich wohl erst bei Einführung von Hochtemperaturreaktoren und damit verbundenen thermochemischen Prozessen, d. h. erst langfristig verwirklichen lassen. Methanol wird sich daher voraussichtlich früher als Energieträger in großem Maße einführen lassen als Wasserstoff.

Gasgemische mit Latentwärmespeicherung

Bei diesen Verfahren wird ein Gasgemisch geeigneter Zusammensetzung durch eine sogenannte endotherme Reaktion* mit Energie, z. B. Wärme von Hochtemperatur-Reaktoren, „beladen".
Beim Verbraucher wird die chemische Rückreaktion durchgeführt, wobei die zuvor aufgenommene Energie wieder als Wärme freigesetzt wird. Das so „entladene" Gas wird anschließend im geschlossenen Kreislauf zum Reaktor zurücktransportiert und dort erneut aufgeladen (Adam- und Evaprinzip).

---

* Endotherme Reaktion = Chemische Reaktion oder sonstige Umlagerung von Atomen/Molekülen, bei der Wärme verbraucht wird. Viele dieser Reaktionen sind umkehrbar, dabei wird die Wärme wieder frei.

Da die Gase bei Umgebungstemperatur zwischen dem Reaktor und den Verbrauchern transportiert werden können, treten in der Pipeline keine Energieverluste durch Wärmeabgabe auf.
Als chemischer Prozeß wird z. Zt. die Reaktion von Methan und Wasser zu Kohlenmonoxyd und Wasserstoffgas untersucht. Dabei wird im Hochtemperatur-Reaktor die endotherme Reaktionswärme im Gas gespeichert, welche beim Verbraucher durch Rückbildung von Methan und Wasserdampf wieder freigesetzt werden kann. Der Bau eines ersten Prototyps einer solchen „Adam-und-Eva-Anlage“ wird etwa für 1977 erwartet.

Ammoniak

Anstelle der Abwärmevernichtung in Kühltürmen wurde auch vorgeschlagen, Ammoniak (NH_3) zu erzeugen, und damit die Wärmeenergie in chemische Energie, die sich leichter transportieren läßt, umzusetzen.
Die Rückgewinnung der Wärmeenergie erfolgt vorzugsweise durch „Destillation“. Bis zu einem Umkreis von 15 km kann die in der Destillationsanlage zurückgewonnene Wärme direkt dem Verbraucher zugeführt werden. Über größere Distanzen, bis zu einem Umkreis von ca. 50 km, wird H_2O mit gelöstem NH_3 (Rücklauf) und flüssiges NH_3 (Vorlauf) in zwei getrennten Leitungen, jedoch mit Umgebungstemperatur, transportiert.
Beim Verbraucher kann

a) Kälte zwischen 0° und -18° C erzeugt werden durch Sieden des flüssigen NH_3 bei einem Druck von ca. 4 bar;
b) Wärme bis $+ 80^o$ gewonnen werden durch die Absorption des gasförmigen Ammoniaks in Wasser

Ein Teil der angefallenen Ammoniak-Lösung könnte auch in der Landwirtschaft direkt als Düngemittel verwendet werden. Das Gesamtkonzept ist neu, basiert aber auf einer Summierung längst bekannter partieller Technologien.

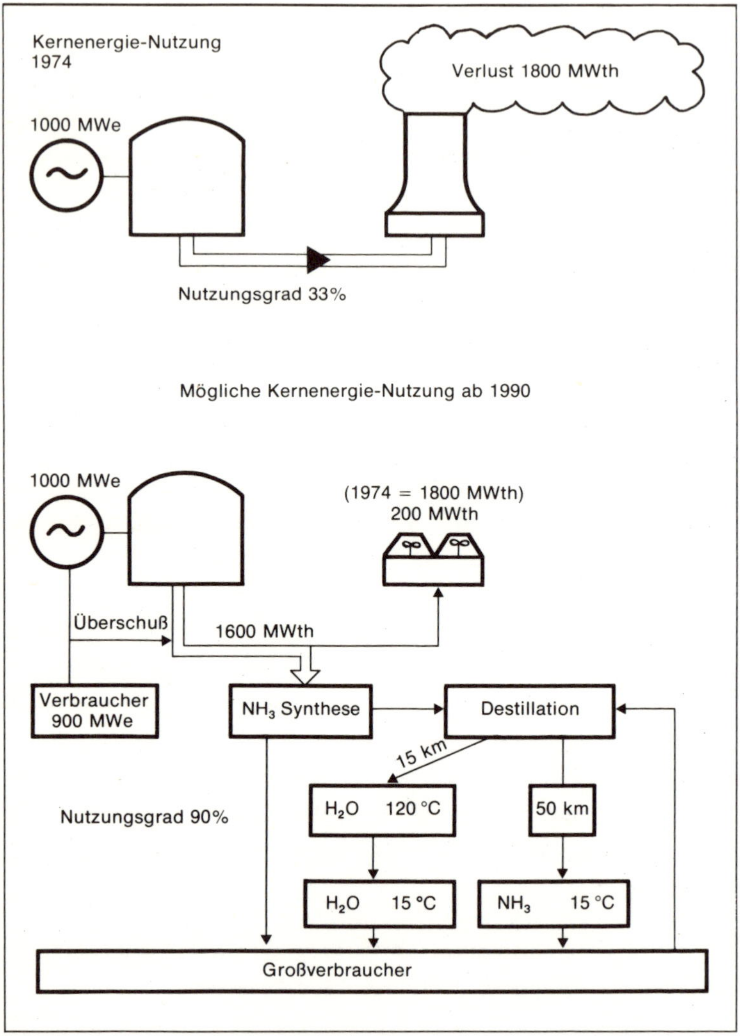

Abb. 32 Umwandlung von Wärmeenergie in chemische Energie

Ein solches System, wie in Abb. 32 grob skizziert, könnte schätzungsweise in 15 Jahren einsatzbereit sein. Das Ammoniak-System wurde nur als Modellfall erwähnt. Andere chemische Energieträger sind ebenfalls denkbar.

Verringerung der Abwärmeverluste

Neben der bisher beschriebenen Verwendung neuer Sekundärenergieträger muß zur besseren Nutzung der verfügbaren Energie auch ihr eigentlicher Gebrauch untersucht werden. Die Frage der besseren Isolation von geheizten Räumen wurde bereits auf Seite 169 erläutert. Die Verringerung der Wärmeverluste spielt nicht nur bei der Heizung, sondern auch bei vielen industriellen Prozessen und insbesondere bei der Umwandlung von Energie eine wesentliche Rolle.

Als drastisches Beispiel müssen hier die thermischen Kraftwerke angeführt werden. Bei öl-, kohle- oder gasbeheizten Kraftwerken wie auch bei Kernkraftwerken der jetzt gängigen Bauart beträgt die tatsächlich gewonnene Nutzenergie in Form von elektrischem Strom nur ca. 1/3 der insgesamt eingesetzten Energie, so daß 2/3 als Abwärme verloren gehen bzw. abgeführt werden müssen und dabei oft erhebliche Probleme hervorrufen. Die Ursache für diese hohen Wärmeverluste ist darin zu suchen, daß die Abwärme bei relativ niedrigen Temperaturen von ca. 40° C anfällt und deshalb nicht wirtschaftlich genutzt werden kann.

Für die Kernreaktoren gilt diese Feststellung allerdings nur für den bisherigen Typ des Leichtwasserreaktors. Die Tendenz geht eindeutig in Richtung von Anlagen mit höherem Wirkungsgrad, z. B. von gasgekühlten Hochtemperaturreaktoren. Dabei ist man bestrebt, die bei hoher Temperatur anfallende Wärme von ca. 800 – 900° C entweder als Prozeßwärme zu nutzen oder zunächst mittels einer Heliumturbine großer Leistung auszunützen und deren „Abwärme" in einem konventionellen Dampfprozeß (bottom cycle) weiter zu nutzen. Der Wirkungsgrad soll damit bis auf über 50% gesteigert werden können. Der kommerzielle Durchbruch solcher Hochtemperaturreaktoren wird etwa Mitte der 80er Jahre erwartet.

Auch bei der soeben skizzierten Ausführung eines Hochtemperaturreaktors würde noch eine beträchtliche Energiemenge als Abwärme abgeführt werden. Man bemüht sich deshalb, das Kühlwasser entweder zu Fernheizzwecken oder aber zur Betreibung weiterer Sekundärkreisläufe heranzuziehen, was gestatten würde, den Wirkungsgrad des Hochtemperatur-Kernkraftwerkes bis auf ca. 80% zu steigern.
Die Notwendigkeit der Realisierung einer höheren Nutzung der verfügbaren Energie wird durch die beträchtliche Steigerung des Preises für Energie erheblich aktualisiert. Wirtschaftliche Gesichtspunkte, die bisher häufig eine bessere Ausnutzung der Energie verhindert hatten, fallen jetzt vielfach weg oder sind ins Gegenteil verkehrt.

Beschränkung des Energieverbrauchs

Während der Erdölkrise wurde 1973/74 eine Reihe von Maßnahmen zur Verringerung des Energieverbrauchs dekretiert. Die meisten dieser Maßnahmen wurden dann wieder aufgehoben. Dies ist insofern berechtigt, als es sich um aufgezwungene Maßnahmen handelt.
Andererseits ist nunmehr die Frage hochaktuell geworden, wie sich ohne Verzicht auf Lebensstandard der Energieverbrauch zurückschrauben läßt. Ein verstärktes Energiebewußtsein wird sicherlich dazu helfen, daß der Einzelne im kleinen Maßstab zur Verringerung des Energiebedarfs beiträgt. Dies gilt in stärkerem Ausmaß für die Industrie, welche durch geeignete Werkstoff- und Prozeßauswahl den Energiebedarf erheblich beeinflussen kann. Dabei spielen wirtschaftliche Überlegungen wiederum eine große Rolle. Maßnahmen zur Energieeinsparung werden umso eher realisiert, je höher der Energiepreis klettert.

Konzept zur maximalen Energienutzung (total energy concept)

Es ist festzuhalten, daß in absehbarer Zukunft weder verstärkte Nutzbarmachung von Energiequellen noch die Reduzierung des Endenergieverbrauchs allein eine ausreichende Lösung des Energieproblems ergeben werden. Es ist vielmehr ein ganzes Bündel von Maßnahmen erforderlich, um zu einem echten und längerfristigen Ausweg aus der Energielücke zu gelangen.

Das Anliegen des „total energy concepts“ ist es, die Energieversorgung als Ganzes zu sehen und nicht z. B. die Stromversorgung oder die Heizung jeweils für sich allein. Durch eine zweckmäßige Verknüpfung dieser einzelnen Teilbereiche läßt sich eine optimale Ausnützung der verfügbaren Energiequellen erreichen. Beispiele für die Verwirklichung dieses Konzeptes sind u. a. Heizkraftwerke, die durch gleichzeitige Erzeugung von Elektrizität und Nutzwärme eine möglichst hohe Ausnützung der eingesetzten Primärenergie anstreben.

Beispielsweise kann man mit gasbeheizten Wärmekraftwerken unter Einsatz geschlossener Gasturbinen einen Wirkungsgrad von über 70% erzielen, wobei die Energie ja zur Hälfte als Strom und Wärme bei über 100° C anfällt. Solche kombinierten Kraftwerke eignen sich sehr gut für dezentralisierte Aufstellung. Später werden dann Anlagen zur Ausnutzung der Kernspaltungswärme in Hochtemperaturreaktoren für die gleichzeitige Herstellung von Gasen als chemische Energieträger, von Elektrizität und auch von Nutzwärme hinzukommen.

Solche Gesamtenergiekonzepte beeinflussen nicht nur die optimale Nutzbarmachung von Primärenergiequellen, sondern auch den Energietransport. Beispielsweise bestehen in USA Projekte, Kohle über weite Strecken als Aufschlemmung mittels Pipeline zu transportieren, und dann in dezentralisierten Kraftwerken in der Nähe von Verbraucherzentren optimal einzusetzen, wobei Strom und Wärme verbrauchernah erzeugt werden. Auch die Verwendung von Wärmepumpen zur Anhebung des Temperaturniveaus von Wärme, die bei relativ tiefer Temperatur reichlich zur Verfügung steht, gehört in den Rahmen dieses „total energy concepts".

Der Zeitraum der nächsten 10 bis 30 Jahre wird dadurch gekennzeichnet sein, daß nicht ein einziger Energieträger allein die dominierende Rolle in unserer Energieversorgung übernehmen wird, wie dies im Verlauf der geschichtlichen Entwicklung zunächst das Holz, dann die Kohle und dann das Öl war.

Vorerst spricht alles dafür, daß in den nächsten zwei Jahrzehnten die Deckung unseres Energiebedarfs nicht durch eine entsprechende Steigerung der Erdölförderung erfolgen wird. Es stellt sich somit die Frage, welche Primärenergieträger die Energielücke decken werden. In Fachkreisen rechnet man damit, daß Zwischenlösungen gefunden werden müssen. Dazu gehören die „unkonventionellen Öle" (Abb. 33), die die Überbrückung schaffen sollen, bis die Kernenergie einen großen Teil des Energiebedarfs decken kann. Die benötigten Zwischenlösungen für die nächsten zwei Jahrzehnte werden hauptsächlich von Kohle und Gas ausgehen.

Seit dem Ausbruch der Ölkrise, aber auch bereits vorher, sind eine Vielzahl von Vorschlägen und Erfindungen unterbreitet worden, wie die Energielücke in den nächsten Jahrzehnten gedeckt werden soll. Einige der vorgeschlagenen Lösungen haben nur lokale oder beschränkte Bedeutung, z. B. die Gezeitenenergie oder die geothermische Energie. Viele Vorschläge sind allein aus kostenmäßigen oder technologischen Gründen für die nächsten zwei Jahrzehnte utopisch. Die Flut der Erfindungen, die Energie dem All oder der Erdrinde oder dem Meer entnehmen wollen, ist zur Zeit fast unübersehbar geworden.

Jede ökonomische Einheit, sei es nun ein Haushalt, ein Industrieunternehmen oder aber ein Land, wird in den nächsten Jahren und Jahrzehnten soviel Erdölderivate oder Energie im breitesten Sinn verbrauchen, als es sich wirtschaftlich leisten kann. Die bisherige Steigerungsrate im Erdölverbrauch von 7,5% pro

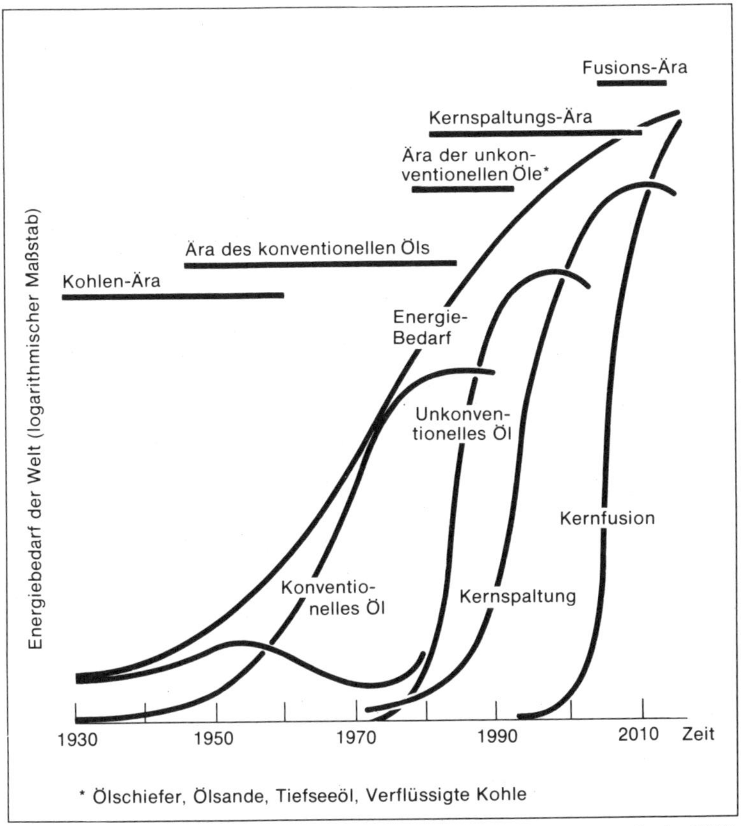

Quelle: SHELL

Abb. 33 Die Deckung des Weltenergiebedarfs in verschiedenen Zeitaltern

Jahr wird sich verringern – hauptsächlich wegen der untragbaren finanziellen Belastungen, aber auch wegen der knapper werdenden Erdölreserven. Somit wird der unvermeidliche Bedarf an Energie auf verschiedenste Weise gedeckt werden. Hier ist vor allem die sparsamere Verwendung der Energie zu nennen. Hierzu gehören alle Arten von besserer Isolation, Wärmerekuperation, aber auch Veränderung in den Konsumgewohnheiten sowie geringerer Energieverbrauch im Transportsektor.

Des weiteren werden verschiedenste Primär-Energieträger neben Erdöl vermehrt zur Nutzung gelangen; so wird sich ein neuer Gleichgewichtszustand in der Energieversorgung einstellen.
In vielen Ländern der nördlichen Halbkugel verbraucht die Raumheizung sowie die Erzeugung von Warmwasser den Löwenanteil der Energie bzw. des oftmals importierten Öls. Hier kann man nun auf verschiedenste Weise eine Entspannung der Versorgungslage erzielen, wobei mehrere Maßnahmen bereits genannt wurden. Eine rasch zunehmende Bedeutung gewinnt hier die Nutzbarmachung der Sonnenenergie, die in vielen Teilen Europas einen Großteil des Wärmebedarfs von Haushalten decken kann (bei Altbauten bis 50%, bei Neubauten sogar 70 – 90%, in speziellen Fällen sogar 100%).
Insgesamt wird man also in den nächsten Jahrzehnten die „utopischen" oder völlig neuartigen Formen der Energieerzeugung gar nicht benötigen, um den Energiebedarf zu decken. Die zuvor aufgezeigten Zwischenlösungen dürften vollauf genügen, um die Überbrückung zu schaffen, bis im Atomzeitalter die Kernkraft endgültig den Löwenanteil des Energiebedarfs deckt.
Ganz sicher genügt es jedoch nicht, die Energiekrise durch rein technologische Maßnahmen zu lösen. Die Energiekrise muß als ein grundsätzliches Problem angegriffen werden, zu dessen Lösung auch der Lebensstil und der Wachstumsfetischismus einer grundlegenden Änderung bedarf. In jedem Fall müssen zur Lösung der Energiekrise alle in Frage kommenden Kriterien und Risiken möglichst sorgfältig erfaßt und gegenübergestellt werden.

X. Weitere Fallstudien

Der Blick des Forschers fand nicht selten mehr, als er zu finden wünschte.

GOTTHOLD EPHRAIM LESSING

1. Auswirkungen neuer Technologien auf die Lebensmittelindustrie

Wenden wir uns nun einer Fallstudie zu, welche erfreuliche Aspekte zeigt, d. h. die harmonische Einführung einer grundlegend verbesserten Technologie als Ausgangspunkt für Technologie-Planung, wobei analoge Entwicklungen für andere Industrien leicht vorhergesagt werden können. Es handelt sich um die Herstellung von Milchprodukten in einem geschlossenen, automatisierten System. Betrachten wir einmal im Jahre 1970 eine typische Großmolkerei, die ein Einzugsgebiet von etwa 500.000 Menschen mit Milch und Milchprodukten versorgt. Eine solche Molkerei beschäftigt etwa 150 bis 170 Arbeiter, deren Haupttätigkeit das Putzen und Reinigen der gesamten Molkereianlagen ist, sodaß bei der Verarbeitung der nächsten Charge keine Bakterien oder schädlichen Verunreinigungen die Qualität der Milchprodukte gefährden.

Ungenügendes Reinigen kann ohne weiteres tonnenweise verdorbene Produkte in der darauffolgenden Produktionscharge bedeuten.

Ein weiteres Kennzeichen der Milchwirtschaft ist es, daß das ganze Jahr über täglich die Milch verarbeitet werden muß; dementsprechend ergeben sich erhebliche Probleme, Arbeitskräfte für diese Arbeitszeiten zu finden.

Für die Technologie-Planung stellt sich somit die Frage, ob der genannte Problemkreis mit einer neuartigen Technologie gelöst werden kann. In der Tat sind baukastenähnliche Elemente zur Durchlaufbehandlung der Milch – für Pasteurisierung oder Sterilisierung – entwickelt worden, und es war nicht schwierig vorherzusagen, daß in den 70er Jahren vollautomatische Molkereien Eingang finden werden.

Zur Zeit werden allein in der BRD sechs vollautomatische Molkereien aufgebaut, die statt 150 bis 170 Arbeitern nur noch 40 Personen beschäftigen, weitgehend Spezialisten für Regelung und Steuerung. Diese Anlagen können sämtliche Arbeitsgänge vollautomatisch durchführen, vom Entleeren der Milchfahrzeuge bis zur Bereitstellung einer Palette fertiger Milchprodukte, wozu auch Joghurt sowie Mixgetränke verschiedener Art gehören.

Die eingespeiste Milch wird zunächst automatisch auf Bakterien oder Pestizide analysiert; enthält die Milch z. B. mehr als eine festgesetzte Menge an DDT, so wird sie im Produktionsprogramm speziell umgeleitet, da man mit Milch dieser Art kein Joghurt fertigen kann. Das computerisierte Produktionsprogramm ermittelt laufend die Lagerbestände, erfaßt außerdem die vorliegenden Aufträge und regelt danach automatisch den Durchlauf der Milch sowie die Zugabe verschiedener Ingredienzen während des Fabrikationsablaufes. Am nächsten Tag stehen dann einige 100.000 Flaschen Schokolademilch, Joghurt sowie die sonstigen Milchprodukte abholbereit. Nach Durchlauf einer Tagescharge reinigt sich die Anlage automatisch, das letzte Spülwasser wird noch automatisch auf Bakterien überprüft. Ist die Reinigung nicht komplett, wird sie automatisch fortgesetzt.

Interessanterweise sind automatische Molkereien dieser Art sogar in Ländern gefragt, welche einen großen Überschuß an Arbeitskräften haben, also z. B. in tropischen Ländern wie in Südostasien. Dort bereitet es erhebliche Schwierigkeiten, das Postulat absoluter Sauberkeit zu erreichen, die in dem geschlossenen System der automatischen Molkereien garantiert ist. Damit ist aber die technologische Neuentwicklung auf dem Milchsektor keineswegs zu Ende. In tropischen Ländern oder wenig entwikkelten Ländern bereitet es Schwierigkeiten, eine hygienisch einwandfreie Milch der Molkerei anzuliefern. Die sterilisierte Milch enthält so viele „Bakterienleichen", daß ihr Genuß insbesondere im Wachstum befindlichen Säuglingen und Kindern Schaden zufügen kann.

Außerdem hat man beobachtet, daß gewisse Bakterien radioaktives Strontium anreichern und der Genuß von Milch mit zu vielen solcher Bakterien – auch wenn sie abgetötet sind – beim heranwachsenden Kind zu hohe Strontiumgehalte in den Knochen hervorrufen kann. Daher hat z. B. eine schwedische Firma eine Ultrazentrifuge entwickelt, um aus der sterilisierten Milch die abgetöteten Bakterien zum überwiegenden Teil herauszuschleudern.

Die endgültige Lösung wird – vielleicht (?) – für eine Reihe von Ländern in der Herstellung von künstlicher Milch liegen, wobei man Gras oder Heu in einen chemischen Prozeß einschleust, der die Vorgänge im Kuhmagen nachahmt. Wiederum hat die schwedische Firma bereits Anfang der 70er Jahre die Herstellung von künstlicher Milch in zwei Pilot-Anlagen gelöst. Es wird dieser Milch je nach Wahl die gewünschte Fettmenge zugesetzt, worauf die Milch sowohl geschmacklich wie in Qualität der natürlichen Kuhmilch nahekommt. Die künstliche Milch ist vorerst noch teurer als die natürliche Milch. Trotzdem ist dies eine Entwicklung, die im Rahmen der Technologie-Planung als Teilsegment der landwirtschaftlichen Planung bereits jetzt im Auge behalten werden muß.

Die zuvor erwähnte automatische Durchlaufbehandlung von Milch ist im übrigen ein sogenanntes Vorläufer-Ereignis, das analoge automatische Prozesse mit hoher Wahrscheinlichkeit vorhersagen läßt.

Die Entwicklung der automatischen Molkerei wird auch andere Sektoren der Lebensmittelverarbeitung erfassen. Es ist leicht vorherzusagen, daß flüssige, pastöse oder für die automatische

Förderung geeignete Festkörperprodukte in Zukunft vermehrt in vollautomatischen Anlagen hergestellt und verarbeitet werden, wobei geschlossene Systeme und die weitgehende Eliminierung manueller Arbeit für diese Anlage kennzeichnend sein werden.
Beispiele hierfür kann man nicht nur in der Lebensmittelindustrie, der Chemie und den Baustoffbranchen finden. Insbesondere in der Chemie sind seit über einem Jahrzehnt vollautomatische Prozeßregler zu finden. Eine ähnliche Entwicklung wie in der vollautomatischen Molkerei kann aber auch für größere Gießereibetriebe vorhergesehen werden, wo automatische Analysenkontrolle, Zulegierung und Reinigung der Schmelze sowie Temperaturregelung im Durchlauf bis zum Gießprozeß das chargenweise Arbeiten, das mit erheblichem manuellen Aufwand verbunden ist, ersetzen wird. Zwar weiß man nicht, ob für eine spezifische Industrie diese Entwicklung bis zur Produktionsreife 5 oder 15 Jahre benötigt. In jedem Fall wird die Technologie-Planung aber diese Entwicklung genau zu verfolgen haben.

2. Steigerung des landwirtschaftlichen Ertrages durch technologische Maßnahmen

Dieses Thema ist Mitte der 70er Jahre besonders aktuell geworden, denn die bei wachsender Weltbevölkerung vorhergesagten Hungersnöte sind ja leider teilweise bereits eingetreten.
Abb. 34 gibt einige Angaben darüber, daß es zur Steigerung des landwirtschaftlichen Ertrages nicht allein auf den technologischen Input ankommt. Man kann durch den Einsatz von Pestiziden und von Düngemitteln den Einsatz pro Hektar zwar erhöhen, es müssen jedoch auch die entsprechenden Kapitalmittel bereitgestellt werden, damit ein gesamtes Paket eingesetzt werden kann. Dazu gehören moderne Anbauverfahren,

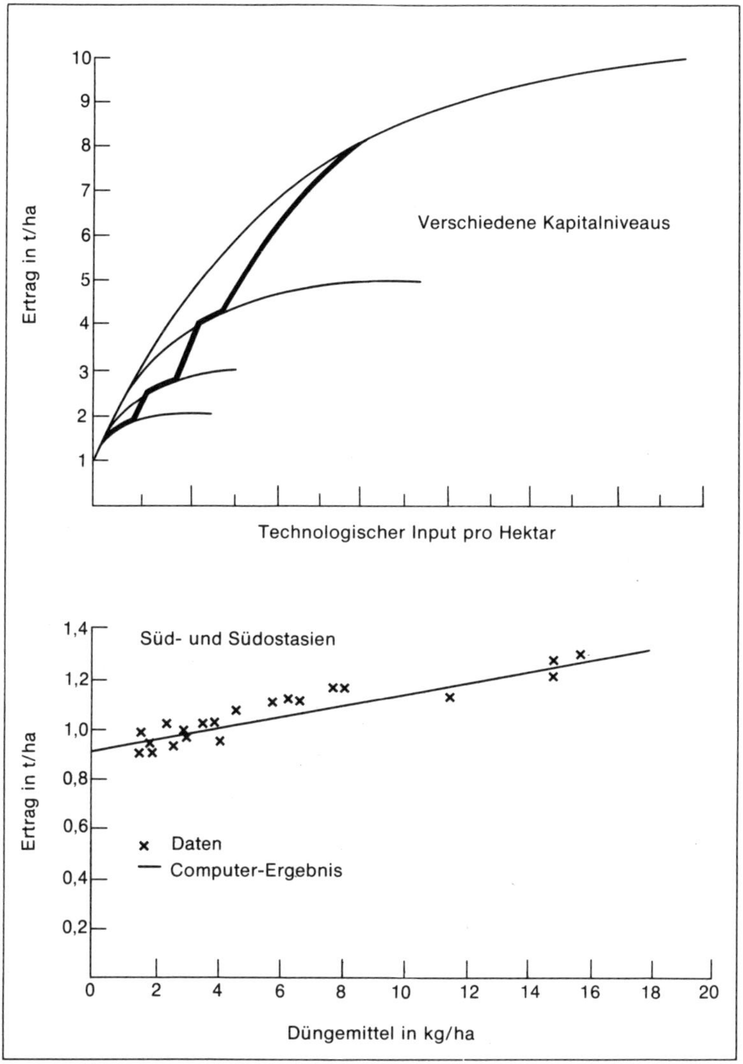

Abb. 34 Steigerung des landwirtschaftlichen Ertrages durch den Einsatz von Technologien und Kapital (Quelle: Mesarović/Pestel)

landwirtschaftliche Maschinen, hochwertiges Saatgut, kurzum ein ganzes Bündel technologischer Maßnahmen, die richtig aufeinander abgestimmt und insbesondere mit der lokalen Bodenqualität und mit meteorologischen sowie geologischen Umständen in Einklang stehen.

Nun muß man sich aber sehr davor hüten, daran zu glauben, mit einem intensiven Einsatz an Kunstdünger und Pflanzenschutzchemikalien würde ein Optimum erreicht. Bereits Rachel Carson hat Mitte der sechziger Jahre auf die großen Gefahren der Pestizide hingewiesen. Analog wird in neuerer Zeit der jahrzehntelangen intensiven Anwendung von Kunstdünger im Rahmen ausgeprägter „Monokulturen“ eine Reihe alarmierender, unbeabsichtigter und nachteiliger Folgen attestiert. Hierzu gehört nicht nur ein starker Rückgang von Lebewesen im Kulturboden sowie Erosion, sondern auch das Wachstum von Pflanzen, die weniger gesund sind als die auf natürlich gedüngtem Boden gewachsenen. Die Diskussion, daß die menschliche Gesundheit im Einzugsgebiet der „chemischen Landwirtschaft“ leidet, ist seit Jahrzehnten im Gange. Neuerdings werden vermehrt „hard facts“ erarbeitet, die das Rückgrat einer Planung der zukünftigen Agrotechnik bilden können. Denn es ist weder möglich, ein „zurück zur Natur“ als Parole auszugeben, noch ist es denkbar, den „overkill“ der heutigen Agrotechnik in intensiv landwirtschaftlich genutzten Monokulturen, wie z. B. in den USA unbedenklich fortzusetzen.

Man erkennt aus alledem, daß die gezielte Technologie-Planung im Sektor Landwirtschaft eine enorme Bedeutung hat, um einerseits die menschliche Gesundheit auf Generationen hinaus sicherzustellen und um andererseits den drohenden Welthungerkatastrophen rechtzeitig zu begegnen. Dies um so mehr, als viele der zuvor aufgeführten Maßnahmen durch die umfassende internationale Planung eingeleitet und harmonisiert werden müssen. Mitte der siebziger Jahre erkennen viele Entwicklungsländer die Notwendigkeit, zunächst einmal ihre Landwirt-

schaft autark zu machen, selbst wenn dadurch die angestrebte Industrialisierung vorübergehend zurückgestellt werden muß. Die Weltbank hat dementsprechend neuerdings nahezu eine Milliarde Dollar pro Jahr für die Förderung der landwirtschaftlichen Entwicklung dieser Länder vorgesehen, einen viel höheren Anteil als früher. Viele Entwicklungsländer sind irregeleitet, wenn sie das Beispiel Hongkong nachahmen und dabei ihre starke Abhängigkeit von Lebensmittelimporten übersehen.
In der Tat ergibt das umrissene Aufgabengebiet ein Musterbeispiel für eine systematische und komplette Technologie-Planung, beginnend mit einigen Scenarios, bei denen insbesondere die in etwa 10 oder 20 Jahren zu erwartende Bevölkerungszahl eine wichtige Komponente sein wird, bis hin zu einem kompletten technologischen Assessment, inwieweit die verfügbaren Technologien zu einem optimalen Resultat führen und inwieweit negative Auswirkungen beispielsweise durch Insektizide oder starke Anwendung von Kunstdünger tolerierbar sein werden. Behält man auch im Auge, daß die Abwicklung eines solchen Projektes von mehreren Partnern gleichzeitig oder nacheinander zu erfolgen hat, beispielsweise von der FAO*, der zuständigen Regierungsinstanz sowie privaten Unternehmern oder Zulieferfirmen, dann erkennt man die große Verantwortung für das Überleben von vielen Hunderten Millionen Menschen, die allen beteiligten Partnern im Kampf gegen Hungersnöte zuwächst.

3. Zivilisationsschäden und Technik

Dieses Thema ist in unseren Ausführungen wiederholt gestreift worden. Man könnte hierüber ein ganzes Buch schreiben. Wir möchten auf einige grundlegende „goldene Regeln" hinweisen,

---
* Food and Agricultural Organization = Organisation für Ernährung und Landwirtschaft der UN mit Sitz in Rom

die in einer Vielzahl unterschiedlicher Situationen der Konfrontation von Technik und Natur gleichermaßen gelten.

Generell ist zu beachten, daß die Technik je nach Wahl der Maßnahmen die Natur schädigen oder schonen, ja sogar wieder aufbauen kann. Technik wird aber durch Menschen in Aktion gesetzt. Somit ist es primär der *Mensch,* der als Schädiger der Umwelt, aber auch als Opfer verringerter Lebensqualität auftritt.

In vielen Fällen sind klare Zusammenhänge zwischen Ursachen und Wirkung bei Zivilisationsschäden nicht erkennbar, und oft können wir erst nach langen Jahren sichere Kenntnisse über die kausalen Zusammenhänge gewinnen. Fast alle Zivilisationsschäden sind multikausal, wobei Anteil und Wirksamkeit der verschiedenen Ursachen oft nicht bekannt sind.

Verschiedene Forschergruppen versuchen z. B. eine Relation zwischen Luftverschmutzung oder verschiedensten Chemikalien, die über die Ernährung oder durch pharmazeutische Produkte in den menschlichen Organismus gelangen, einerseits und verschiedenen Krankheiten oder „Syndromen" andererseits herzustellen. Eine Vielzahl von Untersuchungen widmet sich dabei heute der Einwirkung der am Arbeitsplatz auftretenden Gase, Dämpfe, Staube auf die menschliche Gesundheit. Die Resultate aller dieser kausalen Verknüpfungen sind für Laien und sogar für Mediziner oftmals höchst widersprüchlich. Denn immerhin haben die Länder mit der höchsten Technologiedichte wie USA oder andere hochindustrialisierte Länder eine hohe oder sogar die höchste Lebenserwartung.

Trotzdem darf man sich mit dieser Generalisierung nicht zufrieden geben. Vor allem muß man an den bei allen biologischen Abläufen gegebenen Effekt zeitlicher Verschiebungen zwischen Ursache und endgültiger Wirkung denken, der ohne weiteres bis zu einigen Jahrzehnten gehen kann.

Hier setzt nun die Aufgabenstellung einer seriösen Folgenabschätzung im Rahmen eines „Assessment" ein. Denn bereits

heute sind einige Dutzend chemischer Verbindungen bekannt, die mit Sicherheit großen oder sogar verheerenden Schaden an verschiedensten Lebewesen ausüben, die aber trotzdem jahrelang in unzulässigen Mengen oder Konzentrationen zum Einsatz kamen.
So unübersichtlich auch die multikausalen Zivilisationsschäden sein mögen, es zeichnen sich klar die Schwerpunkte ab, wo eine Technologie-Planung anzusetzen hat. Hierzu gehören in erster Linie alle natürlichen Kreisläufe, durchbrochen von Menschen und/oder Technik: Eine sinnvoll angepaßte Agrotechnik soll z. B. der Landwirtschaft neue Systeme bereitstellen, welche den natürlichen Abläufen möglichst nahe kommen.
Auch die Technologie-Planung im kommunalen und Regierungsbereich kann vieles tun, daß Zivilisations- und Umweltschäden schrittweise abgebaut werden.

XI. Versuch einer Zusammenfassung

Verantwortungen werden immer dann zu groß,
wenn man sich ihnen entziehen will.

JAKOB WASSERMANN

Zunächst sollten wir uns daran erinnern, wie die heutige Ausgangslage entstanden ist. In den letzten 200 Jahren ist die Evolution der Technik zunächst in einer relativ harmonischen Wechselwirkung zwischen Menschen, Technik und Umwelt abgelaufen. Die Technik hat in vielen Fällen entscheidend zur Verbesserung der Lebensbedingungen und auch der Umweltverhältnisse beigetragen. Ein oft zitiertes Beispiel ist die Einführung des Automobils für den Personentransport in New York um die Jahrhundertwende, welche man als Umweltverbesserung empfand, da damals die großen Mengen von Pferdeexkrementen bereits erhebliche Sorgen bereiteten. Die Entwicklung der Technik schien – bis zur Mitte unseres Jahrhunderts – zunächst relativ unproblematisch zu sein. Es gab vereinzelte Warner, insbesondere nach dem letzten Krieg. Erst Ende der 60er Jahre verbreitet sich weitgehendes Unbehagen durch die Erkenntnis, daß die Technik mehr zur Zerstörung und Verarmung der Umwelt beiträgt als zu ihrer Sanierung.

H. Barbe weist jedoch darauf hin, daß es nicht die Technik ist, die mehr zur Zerstörung und Verarmung der Umwelt beiträgt als zu ihrer Sanierung, sondern der Mensch, der sich dieses Instruments ohne Maß und Proportion bedient. Viele Medizinen können zu Gift werden, wenn sie in zu großen Dosierungen eingenommen werden. Das gilt auch für die Technik. Die heutige Welle der Anti-Technik geht an der Sache vorbei und sollte nicht durch falsch interpretierbare Aussagen noch verstärkt werden. Richtig ist es hingegen, daß die Applikation der Technik besser bedacht und oftmals auch dosiert werden sollte.

Die Industrie hat noch Ende der 60er Jahre eine Gesamtbewertung dieser Situation unterlassen oder verspätet begonnen. Eine Antwort auf diese unterlassene Folgenabschätzung seitens der Industrie ist das Engagement der Öffentlichkeit im Rahmen des „public assessment“.
Um die Probleme an der Wurzel zu packen, stellt sich die Frage: Wie kann die Durchführung rechtzeitiger technologischer Gesamtbewertungen sichergestellt werden?
Wir halten uns wieder an ein konkretes Beispiel, und zwar an die Erfindung und Anwendung des wichtigsten Pestizids, des DDT. Sein Entdecker, der Basler Dr. Paul Müller, wurde seinerzeit mit dem Nobelpreis ausgezeichnet. Auch heute noch ist zur Unterdrückung der die Malaria übertragenden Insekten kein anderes Insektizid von gleicher Wirksamkeit gefunden worden. Trotzdem hat sich zwischen der Zeit der Entdeckung des DDT und der Gegenwart ein entscheidender Sinneswandel vollzogen. Man weiß heute, daß das DDT auch eine Reihe bedenklicher Nebenwirkungen hat. Hieraus resultiert für neue Entwicklungsprogramme das Postulat, Insektizide oder andere chemische Präparate, welche in die Umwelt gelangen, so zu konzipieren, daß sie nach Möglichkeit nur die schädlichen Insekten oder Bakterien treffen, nicht aber einen unerwünscht großen Streubereich aufweisen.

Obwohl es schwierig sein wird, in jedem Falle eine rechtzeitige Folgenabschätzung sicherzustellen, wird sich zumindest die Grundeinstellung ausbreiten, unnötig verspätete Assessments zu vermeiden, deren nachteilige Folgen heute an einer Vielzahl von Beispielen bekannt geworden sind.
Nicht nur die chemische Industrie, sondern alle wichtigen Industrien der westlichen Welt werden in Zukunft größten Wert darauf legen, eine möglichst komplette Folgenabschätzung ihrer Produkte und Verfahren durchzuführen, was bereits einen wichtigen Eckpfeiler für die zukünftige Technologie-Planung ergibt.

Dies genügt aber bei weitem nicht, sondern ein grundlegender Sinneswandel in der Wirtschaftspolitik und somit auch in der Industrie und Öffentlichkeit ist notwendig, um in der Zielsetzung des technischen Fortschritts die erforderliche grundlegende Neuorientierung zu erreichen. Der gesamte Prozeß der Anpassung der Technik an die neuen Randbedingungen bedeutet einen tiefgreifenden Wandel. Während in der Vergangenheit Wissenschaft und Technik in rascher Folge immer neue Dinge hervorzauberten, die von den Leuten des Verkaufs, aber auch vom Publikum mit Begeisterung aufgenommen wurden, obwohl viele dieser wachstumsorientierten Produkte gar nicht einem echten Marktbedürfnis entsprachen, wird statt dessen nunmehr vermehrt das sogenannte qualitative Wachstum, ein geordnetes Wachstum, das eher in die Tiefe geht und den neuen Bedürfnissen entspricht, zu erfolgen haben (nach Speiser).

Werfen wir nun also einen Blick in die Zukunft, so stellt sich die entscheidende Frage, ob es in einer vernünftigen stetigen Evolution gelingt, den notwendigen Sinneswechsel zu erzielen.

Der englische Biologe A. Comfort kommt zu folgenden Schlußfolgerungen:

„Kurz vor uns allen – und dies gilt für Breschnew und Kossigyn ebenso gut wie für den US-Kongress oder das englische Parlament – liegt eine tiefe Schlucht und wir kommen ihr immer näher. Wir haben aber noch keine Brücken über diese Schlucht gebaut. Auf der anderen Seite liegt eine rationale Welt, soweit der Mensch überhaupt in der Lage ist, in einer solchen zu leben, eine umweltbewußte Ökonomie, welche auf Nullwachstum hin ausgerichtet sein wird, wo die Planung mit Teilnahme der Öffentlichkeit als wichtig erachtet wird, wo alle Automobile nicht mehr als Konsumgüter, sondern wie ein Grundbesitz oder zumindest von der Lebensdauer eines Rolls Royce gekauft werden, wo keine größeren, schnelleren oder lauteren Flugzeuge, sondern ausschließlich optimal konzipierte Flugzeuge gebaut werden, und wo Forschung und Entwicklung auf Urteilskraft und Überlegung aufbauen, vielleicht mit einigen emotionellen Elementen, aber auf keinen Fall mit den Elementen einer auf Größenwahnsinn ausgerichteten Technologie. Die Wahl ist die zwischen einem Sturz in diese tiefe Schlucht, wobei dann die Menschheit mühsam auf der anderen Seite versuchen muß, sich wieder hochzuarbeiten, oder einer schrittweisen Umstellung auf die neue Lebensform, so planmäßig und rational als dies überhaupt nur möglich ist, wobei alle Arten von Gewaltmaßnahmen auf ein Minimum beschränkt bleiben sollten. Dies wird allerdings nicht leicht sein, weil – selbst wenn man alle Ideologien einmal zur Seite läßt – der heutige Lebensstil die nervlichen oder seelischen Reserven bereits ziemlich stark strapaziert hat. Beispiele dieser Art sind frustrierte Menschen im Hinblick auf Ineffizienz ihres Lebens, Zusammenleben von Menschen auf engem Raum, ohne daß sich eine ausgeglichene Form der sozialen Wechselwirkung ergeben hat, oder schließlich Überfülle an „inputs“ im Bereich der Kommunikationsmittel, ohne daß hieraus ein echtes Gespräch oder ein Gedankenaustausch resultiert hätten. Prosperität dieser Art hat den Menschen keine Zufriedenheit gebracht.“

Dieses Zitat von A. Comfort führt zur Schlußfolgerung, daß in hochentwickelten Ländern erhebliche Schwierigkeiten bestehen, den bisherigen Lebensstil schrittweise in einen neuen zu überführen, welcher den Anforderungen nach einer besseren Lebensqualität Rechnung trägt.

Man erkennt, daß Comfort ähnlich wie der Club of Rome eine auf uns zukommende, schwere Störung des techno-ökonomischen Gleichgewichtes („Schlucht“) für möglich hält. Andere Experten für Zukunftsfragen aber sind der Ansicht, daß die anstehenden Probleme schrittweise ohne dramatische Ereignisse gelöst werden können. Auch Comfort hat offengelassen, welches der beiden Extreme wahrscheinlich auftritt. Hier sind vor allem politische Elemente ausschlaggebend und niemand kann heute voraussagen, ob beispielsweise im Sektor Energieversor-

gung oder in der Versorgung mit Nahrungsmitteln der dritten Welt in einigen Jahren unlösbare Probleme auf uns zukommen, mit denen die Technologie-Planung nicht fertig werden kann. Bei rechtzeitiger Berücksichtigung des Instrumentariums der Technologie-Planung durch Industrie und staatliche Instanzen werden durch die technische Entwicklung verursachte Störungen des öffentlichen Lebens oder der industriellen Tätigkeit immer unwahrscheinlicher, indem für erkennbare Engpässe oder notwendige Umstellungen rechtzeitig vorgesorgt werden kann. Trotzdem sind wir uns der Grenzen der Technologie-Planung durchaus bewußt. Gerade bei den Problemen mit weitreichenden Konsequenzen sind politische Einflußgrößen sowie das Verhalten der Menschen dominierend, und die Technologie-Planung kann höchstens die seitens der Technik erbringbaren Leistungen klarstellen; aber schon gegenüber dem Problem der Bevölkerungsexplosion – wie auch bei vielen anderen – ist die Technik hilflos.
Trotzdem gibt es eine Vielzahl aktueller Probleme, die von der Technik ausschlaggebend zu beeinflussen sind. Mit dem vorliegenden Beitrag wollen wir dem Pessimismus hinsichtlich weiterhin unvermeidbarer, negativer Auswirkungen der Technik entgegentreten. Statt dessen haben wir die Perspektiven einer von vielen Einzelinstitutionen sinnvoll durchgeführten Technologie-Planung in den Vordergrund gestellt. Hieraus könnte das Gerüst einer Brücke entstehen, welche über die beschriebene „Schlucht“ hinwegführt.

Glossar

Anreicherungskette

Bezeichnung für den Effekt, daß mit der Nahrungskette bestimmte Stoffe, meist Schadstoffe, von Lebewesen zu Lebewesen weitergegeben werden, wobei es zu einer Anreicherung des Stoffes kommt. Ein typisches Beispiel für eine solche Anreicherungskette ist die Akkumulation von DDT oder anderen Chlorkohlenwasserstoffen, die nach der Anwendung leicht ins Wasser gelangen und dort von pflanzlichem und tierischem Plankton aufgenommen werden, ohne daß diese daran sterben. Die Anreicherung setzt sich dann entsprechend der Nahrungskette fort über Kleinkrebse, Kleinfische, Raubfische bis hin zur Seeschwalbe und Möwe.

Atommüll

Sammelbegriff für diverse Rückstände, die bei Kernkraftwerken auftreten und infolge langer Halbwertszeiten oftmals für lange Zeitintervalle eine radioaktive Strahlung aufweisen. Daher muß aller Atommüll an absolut sicherem Ort eingelagert werden, z.B. in stillgelegten Bergwerken.

Club of Rome

Ein lockerer Zusammenschluß von führenden Wirtschaftlern, Wissenschaftlern und Technikern aus 25 Ländern der Erde, der sich seit 1968 bemüht, „die Ursachen und inneren Zusammenhänge der sich immer stärker abzeichnenden kritischen Menschheitsprobleme zu ergründen". Im Auftrag und für den Club of Rome wurden inzwischen zwei bekannte Studien erarbeitet und veröffentlicht, die sich mit Weltmodellen befassen: Dennis Meadows u. a.: „Die Grenzen des Wachstums" und E. Pestel mit M. Mesarović: „Die Menschheit am Wendepunkt".

Cross impact

Gegenseitige Beeinflussung zweier scheinbar unabhängiger Ereignisse, wodurch oftmals eine unerwartete Verstärkung oder Abschwächung eines bestimmten Effektes erzeugt wird. Beispiel: Die Reduzierung der zulässigen Schwefelemissionen bei ölbeheizten Kraftwerken aus Gründen des Umweltschutzes begrenzt die einsetzbaren Ölmengen, da nur schwefelarmes Öl verwendet werden kann, und verschärft so die Energieknappheit.

DDT
Abkürzung für Dichlordiphenyltrichlormethylmethan, ein Berührungsgift für Insekten, das sich einerseits durch gute Wirksamkeit, geringe akute Toxidität und relativ niedrigen Preis auszeichnet, andererseits aber durch seine Beständigkeit – es wird in der Natur nur äußerst langsam abgebaut – und Akkumulationsfähigkeit in bestimmten Lebewesen zu einer weltweiten Gefahr geworden ist.

Demand pull
Von „Demand pull“ oder „Nachfragesog“ spricht man, wenn Marktbedürfnisse das ausschlaggebende Element für Neuentwicklungen oder neue industrielle Tätigkeiten darstellen.

EIRMA
Abkürzung für „European Industrial Research Management Association“, ein Zusammenschluß von Forschungsdirektoren europäischer Industriefirmen mit Sitz in Paris.

Emission
Wichtiger Begriff im Bereich des Umweltschutzes: Er bezeichnet das – meist unerwünschte – Freisetzen von Stoffen in Form von Gasen, Flüssigkeiten oder festen Stoffen. Auch Lärmemissionen sind zu beachten.
Die zulässigen Emissionen, z. B. eines Industriebetriebes, werden durch genormte Werte begrenzt. Die Bezugsgrößen können sehr unterschiedlich sein. Oftmals wird die zulässige Emission für ein gewisses Zeitintervall oder im Verhältnis zur Produktion (z. B. pro Tonne produzierten Gutes) festgelegt.

Energie-Gesamtkonzept (total energy concept)
Hier handelt es sich um ein Konzept zur optimalen Nutzung der uns zur Verfügung stehenden Energie, wobei ein möglichst hoher Wirkungsgrad und somit möglichst geringe Verluste angestrebt werden. Ein Beispiel hierfür sind Wärmekraftwerke, bei denen z. B. durch Einsatz einer geschlossenen Gasturbine gleichzeitig elektrische Energie und Wärme erzeugt wird, wobei diese Wärme bei ausreichend hoher Temperatur anfällt, so daß sie noch sinnvoll verwendet werden kann. Auf diese Weise kann insgesamt die im Brennstoff enthaltene Energie zu über 70% ausgenutzt werden.

Entwicklungsland
Land, das am Beginn seiner – meist industriellen – Entwicklung steht, wobei diese Wertung höchstens relativ ist, denn kein Land ist je völlig entwickelt oder völlig unterentwickelt, und nur selten sind alle Fakto-

ren, die zur Kennzeichnung der Entwicklung dienen, gleichermaßen entwickelt. Die Bezeichnung „Entwicklung“ bezieht sich im allgemeinen auf Begriffe wie Bruttosozialprodukt, technologischer Entwicklungsgrad, industrielle Produktivität, industrielle Infrastruktur, landwirtschaftliche Produktivität, Grad der Ausbeutung der vorhandenen Ressourcen.

Environmental impact statement
Eine systematische und interdisziplinäre Untersuchung und Darstellung aller Auswirkungen auf die Umwelt, die z. B. eine spezifische industrielle Tätigkeit aufweist. Diese Studien müssen heute in einer Reihe von industrialisierten Ländern den Behörden unterbreitet werden, bevor eine Maßnahme getroffen wird, die in die Umwelt eingreift, wie z.B. Bau neuer oder Erweiterung bestehender Anlagen.

EPA
Abkürzung für „Environmental Protection Agency“, also „Amt für Umweltschutz“, das in USA für alle Umweltschutzfragen zuständig ist und entsprechende Richtlinien aufstellt, die später oftmals Gesetzeskraft erlangen.

Externe Kosten
siehe: Social cost

Extrapolation
Vorgehen der Prognose, bei dem aus Daten der Vergangenheit ein bestimmter Entwicklungstrend abgeleitet und angenommen wird, daß dieser Trend auch in der Zukunft anhält.

Herbizide
siehe: Pestizide

Immission
Dieser Begriff aus dem Umweltschutz beschreibt das eigentliche Einwirken oder das Einbringen von Schadstoffen in die Landschaft (z. B. pro Flächeneinheit) oder aber in Lebewesen. Obwohl die Umweltbelastung durch die Immissionswerte und nicht durch Emissionswerte dargestellt wird, werden durch die Gesetzgebung oftmals vorzugsweise die zulässigen Emissionen festgelegt, da diese einfacher meßtechnisch zu erfassen und auf den Verursacher zurückzuführen sind.

Innovation
Zeitlicher Ablauf von der Erfindung (“basic invention“) bis zur erfolgreichen Markteinführung eines Produktes oder Verfahrens, mit der der Innovationsablauf zum Abschluß kommt.

Insektizide
siehe: Pestizide.

Intermediate Technology („Übergangstechnologie“)
Anliegen der Intermediate Technology ist es, in Entwicklungsländern nicht unbesehen die in Industrieländern gebräuchlichen, meist kapitalintensiven und komplizierten Technologien einzuführen, sondern den lokalen Bedürfnissen und dem lokalen Bildungsstand angepaßte Technologien.
In Großbritannien wurde vor einigen Jahren von Dr. E. F. Schumacher eine Non-Profit-Organisation unter diesem Namen gegründet, die sich dieser Art von Entwicklungsunterstützung vor allem in Afrika und Asien annimmt. Als Buch mit dem Titel "Small is Beautiful“ hat Dr. Schumacher außerdem dem Anliegen der Intermediate Technology zu weltweiter Beachtung verholfen.

Know-how
Bezeichnung für das Wissen um das praktische Verwirklichen einer Technologie („Gewußt wie“), das über das rein materielle Vorhandensein z.B. einer Anlage hinausgeht und erst deren vorgesehenen und störungsfreien Betrieb ermöglicht.

Lebensqualität
Häufig gebrauchter, aber äußerst schwer zu definierender und erst recht kaum quantitativ erfaßbarer Begriff, der darauf hindeutet, daß neben den menschlichen Grundbedürfnissen Nahrung, Kleidung, Schutz vor Witterung und Sicherheit noch eine Vielzahl weiterer Bedürfnisse bestehen, die individuell äußerst verschieden sein können. Um nur einige zu nennen: Gesundheit, Erziehung, gutes Arbeitsklima, künstlerische Betätigung, Geborgenheit, schöne Umgebung und viele andere mehr.

Mini-Standards
Als Mini-Standard bezeichnet man in den USA vorläufige, aber trotzdem verbindliche Richtwerte für das Auftreten von schädlichen Substanzen am Arbeitsplatz, wobei die endgültigen medizinischen Auswirkungen oftmals noch nicht völlig geklärt sind, da sie erst nach Jahren sichtbar werden.

Monitoring
Tätigkeit, bei der laufend oder in periodischen Zeitabständen die Veränderung bestimmter Abläufe überwacht und registriert wird. Wichtiges Hilfsmittel, um Planung und Vorhersage periodisch auf den neuesten Stand zu bringen.

Muddling through
Als "muddling through", d.h. „Sich-Durchwursteln" oder "incrementalism" bezeichnet man in den USA eine Unternehmensführung, die weitgehend durch das laufende Geschäft und damit durch einzelne, mosaikartige Impulse („increments") motiviert wird.

NIOSH
Abkürzung für National Institute of Safety and Health, ein nationales Institut in den USA für Sicherheit und Gesundheit am Arbeitsplatz.

Office of Technology Assessment (OTA)
Das „Amt für Technology Assessment" wurde 1972 in Washington gegründet. Es soll den amerikanischen Kongreß in all jenen Fragen durch Beratung unterstützen, in denen technologische Probleme eine maßgebende Rolle spielen.

Ökologie
Ökologie ist die „Lehre von den Beziehungen der Lebewesen zu ihrer Umwelt", kurz und einfach auch „Umwelt-Biologie" genannt. Sehr häufig bezieht sich der Ausdruck Ökologie auch ganz allgemein auf die Umwelt. In diesem Sinne ist dann z. B. ein Ökologe nicht unbedingt ein Biologe, sondern einfach jemand, der an Umweltfragen interessiert ist.

Ökologische Nische
Aus der Paläontologie übernommener Begriff, der die Gesamtheit der Umweltbedingungen bezeichnet, welche die Lebensmöglichkeiten bestimmter Pflanzen, Tiere oder auch der Menschen im Verlaufe der Erdgeschichte kennzeichnen.

OSHA
Abkürzung für Occupational Safety and Health Administration, eine Regierungsinstanz in den USA, die für Arbeitsplatzsicherheit und -gesundheit zuständig ist.

PCB
Abkürzung für polychlorierte Biphenyle, die in der Industrie für Lacke und Farben, zur Herabsetzung der Brennbarkeit von Ölen sowie als Isoliermaterial in Kondensatoren verwendet werden. Ähnlich wie DDT werden PCB's in der Natur nur äußerst langsam abgebaut und können daher in Anreicherungsketten in unseren Nahrungskreislauf eintreten und bei zu hoher Konzentration zu Gesundheitsschäden führen.

Pestizide
Oberbegriff für verschiedene Gruppen von chemischen Pflanzenschutzmitteln, zu denen unter anderem Insektizide zum Schutz vor Insekten, Herbizide zum Schutz vor Unkräutern und Fungizide zum Schutz vor Pilzen gehören.

Pollution
Unter Pollution oder Umweltverschmutzung versteht man im weitesten Sinne sämtliche durch den Menschen verursachten oder bedingten physikalischen, chemischen oder biologischen Veränderungen der Umwelt, d. h. von Luft, Wasser, Erde, Tier- und Pflanzenwelt, natürlicher Strahlung und ähnlichen Faktoren.
Im allgemeinen wird der Begriff der Pollution jedoch noch mit der Wertung verbunden, daß diese Veränderungen unerwünscht oder nachteilig seien.

Randbedingungen
Oberbegriff für die im Umfeld feststellbaren Einflußgrößen, die in neuerer Zeit auf die industrielle Tätigkeit einen entscheidenden Einfluß ausüben. Beispiele: Umweltschutz, Rohstoff- und Energieverknappung, soziale Belange.

Raumschiff „Terra"
Neuerdings häufig benutzter Ausdruck, der den Planeten Erde im Hinblick auf die begrenzten Ressourcen, die in beiden Fällen zu beachten sind, mit einem Raumschiff vergleicht, also mit einem begrenzten Raum, in dem jeder von Tun und Lassen des anderen abhängig ist.

Ressourcen
Hierunter versteht man nicht nur die Reserven an konventionellen Rohstoffen, sondern auch von Energie, Arbeitskräften sowie ungenutztem Land.
Man kann zwei Arten von Ressourcen unterscheiden:
- ErneuerbareRessourcen (renewable resources): Mit gewissen Einschränkungen an die maximale Nutzungsrate gehören hierzu: Hydroelektrizität, Sonnenenergie, Landwirtschaftsprodukte und Holz, somit auch Holzprodukte wie Pappe und Papier.
- Einmalige Ressourcen (non-renewable resources): Dies sind Rohstoffe, die entweder nur in begrenzten Mengen auf der Erde vorhanden sind, wie z. B. Mineralien und Erze, oder aber erst in riesigen Zeitintervallen, also beispielsweise in Jahrmillionen, wieder „nachwachsen", wie z. B. die fossilen Brennstoffe.

Die Probleme der Verknappung und des Mißbrauchs beziehen sich im übrigen auf beide Gruppen von Ressourcen. Beispiel für die erste

Gruppe: Schädigung der Bodenqualität durch exzessive chemische Landwirtschaft; für die zweite Gruppe verweisen wir auf die Studie „Die Grenzen des Wachstums".

Rezyklieren
Zurückführen bereits gebrauchter Werkstoffe oder Abfallstoffe in den Produktionskreislauf.

Scenarios
Diese „Zukunftsbilder" stellen ein skizzenhaftes Bild einer möglichen Entwicklung oder aber eines angenommenen Zustandes für eine bestimmte Industrie oder eine bestimmte Region zu einem zukünftigen Zeitpunkt dar, wobei die verschiedenen Annahmen innerhalb eines Scenarios konsistent, d. h. ohne Widerspruch sein müssen.
Meistens werden mehrere alternative Scenarios verwendet. Eines davon stellt oftmals eine Extrapolation der bisherigen Entwicklungstrends dar, während andere deutliche Abweichungen von diesen Trends beinhalten sollten.

Schwellenland
Land, das die ersten Schritte seiner – meist industriellen – Entwicklung bereits hinter sich gebracht hat, und von dem nunmehr ein rasches Fortschreiten der Entwicklung erwartet wird. Siehe auch: Entwicklungsland.

Science push
Von einem „science push", d. h. einem „Antrieb durch die Wissenschaft", spricht man, wenn bereits vorliegende Forschungsergebnisse das auslösende Element für Innovation und Markteinführung neuer Produkte darstellen.

Social audit (Sozialbilanz)
Hierbei wird versucht, alle durch eine Firma hervorgerufenen Sozialkosten wie auch die erbrachten sozialen Leistungen zu quantifizieren und in einer Art Bilanz einander gegenüberzustellen. Das Social auditing genießt vor allem in den USA neuerdings einige Publizität, die praktische Durchführung stößt aber oft auf große Schwierigkeiten.

Social cost (Sozialkosten)
Kosten, die beispielsweise beim Betrieb eines Unternehmens entstehen, im allgemeinen jedoch nicht von diesem, sondern von der Öffentlichkeit insgesamt getragen werden: z. B. Infrastruktur, Verkehrserschließung, allgemeine Abwasserreinigung oder Müllbeseitigung. Da diese Kosten nicht in der Kostenrechnung des Unternehmens geführt werden, bezeichnet man sie oft auch als „externe Kosten".

Social indicator (Sozial-Indikator)
Kenngröße für Umfeldfaktoren, die beispielsweise die Industrie umgeben. Hierzu gehört nicht nur die Umweltqualität, sondern beispielsweise auch das Arbeitsklima und viele andere sozial-politische Elemente. Die Quantifizierung der Sozial-Indikatoren wird zwar oft gefordert, stößt aber auf erhebliche Schwierigkeiten.

Synergismus
Hier handelt es sich um das Zusammenwirken von Faktoren, die sich gegenseitig so verstärken, daß sie gemeinsam eine stärkere Wirkung erzeugen als es der Summe ihrer Einzelauswirkungen antspricht. Schematisch kann dies so dargestellt werden, daß $1 + 1$ erheblich mehr als 2 ergibt. Ein typisches Beispiel ist die drastische Wirkung des gleichzeitigen Einnehmens von Beruhigungsmitteln und Alkohol.
Im Bereich der Technologie-Planung versucht man solche synergistische Effekte im positiven Sinne auszunutzen, indem man z. B. Arbeitsteams aus verschiedenen Disziplinen bildet und auf eine Aufgabe ausrichtet, bei der eine fruchtbare Wechselwirkung zwischen den einzelnen Disziplinen vermutet wird.

Technik
Als „Technik" im allgemeinen Sinn werden die Ingenieurwissenschaften bezeichnet, die durch Kenntnisse und Anwendung der Naturgesetze Stoffe und Kräfte nutzbar machen.

Technologie
Klassische Bedeutung im deutschen Sprachgebrauch: „Lehre von der Umwandlung von Rohstoffen in Fertigprodukte".
Im Englischen besitzt das Wort „technology" eine viel umfassendere Bedeutung und ist praktisch gleichbedeutend mit dem deutschen Wort „Technik", d. h. der „Wissenschaft von der Nutzbarmachung der natürlichen Stoffe und Kräfte". Da heute viele englische Ausdrücke, die den Begriff „technology" enthalten, unverändert oder in direkter Übersetzung Eingang in die deutsche Sprache gefunden haben, wird auch im vorliegenden Buch das Wort „Technologie" praktisch als Synonym zu „Technik" verwendet.

Technologie-Bewertung
siehe: Technology Assessment

Technologie-Folgenabschätzung
siehe: Technology Assessment

Technologie-Planung
Die Aufgabe der Technologie-Planung ist es, nach Vorgabe einer allgemeinen Strategie die zukünftigen Umwelt- und Marktbedingungen zu untersuchen und danach Zielvorstellungen über die anzuwendenden Technologien zu entwickeln.
Diese Aufgabe ist interdisziplinär, d. h. es müssen Elemente der Ökologie, der Soziologie, der Politik, der Ökonomie und des Marketing berücksichtigt werden, wobei jedoch die Technologie das Rückgrat dieser spezifischen Planungsarbeit darstellt.
Zwei wesentliche Elemente der Technologie-Planung sind Technologische Vorhersage und Technology Assessment.

Technologie-Transfer
Mit Technologie-Transfer bezeichnet man ganz allgemein die Übertragung von technologischem Know-how von einem Partner auf einen anderen, sowohl auf nationaler als auch auf internationaler Ebene. Sehr häufig bezieht sich dieser Begriff auf den speziellen Fall, daß dieses Wissen von einem Industrie-Land auf ein sogenanntes Entwicklungsland übertragen wird.

Technologische Gesamtbeurteilung
siehe: Technology Assessment

Technologische Vorhersage
Aussagen über die zukünftige Entwicklung auf dem Gebiet der Technologie, die mit Hilfe verschiedener Verfahren gewonnen werden können.

Technology Assessment
Technology Assessment ist die systematische Analyse der tatsächlichen und potentiellen Auswirkungen oder Nebenwirkungen einer spezifischen Technologie, eines Produktes oder Verfahrens sowie alternativer Lösungen auf Umwelt, Gesellschaft und Wirtschaft unter besonderer Beachtung unbeabsichtigter, indirekter oder verzögerter Folgen.
Die Übertragung des in USA entstandenen Ausdrucks „Technology Assessment“ ins Deutsche ist uneinheitlich, vorgeschlagen wurde „Technologie-Folgenabschätzung“, „Technologie-Bewertung“ oder „Technologische Gesamtbeurteilung“.

Total energy concept
siehe: Energie-Gesamtkonzept

Umweltschutz
Das Anliegen des Umweltschutzes ist die Bewahrung oder Wiederherstellung einer gesunden, lebensfähigen Umwelt, die aus Luft, Wasser, Erde, Tier- und Pflanzenwelt sowie natürlicher Strahlung und ähnlichen Faktoren besteht. Das Hauptaugenmerk des Umweltschutzes gilt dabei der Belastung dieser Umwelt durch das Auftreten von festen oder flüssigen Abfällen, von chemischen Verbindungen, von toxischen Spurenverunreinigungen, von Wärme oder auch von radioaktiven Abfällen, d. h. jeder Art von chemisch, physikalisch oder biologisch feststellbarer Veränderung der Umwelt.

UNIDO
„United Nations International Development Organization“, die internationale Entwicklungs-Organisation der Vereinten Nationen mit Sitz in Wien, die aus Geldern des UNDP (United Nation Development Program) systematisch die industrielle Entwicklung der Entwicklungsländer fördert.

Verursacherprinzip
Nach diesem werden dem Verursacher z. B. von Umweltschäden die Kosten, die zur Beseitigung dieser Schäden erforderlich sind, angelastet. Diese „Internalisierung“ externer Kosten ist bisher nur in wenigen Fällen möglich und sinnvoll gewesen, beispielsweise dann, wenn eine Spezialkläranlage gebaut werden muß, um ein bestimmtes industrielles Abwasser im Rahmen der öffentlichen Hand in seinen Auswirkungen unschädlich zu machen.

Wired city
Vision einer Stadt oder auch eines Stadtteiles oder einer Satellitenstadt, in der umfangreiche elektronische und sonstige Kommunikationsmittel den Individualverkehr weitgehend erübrigen.
Beispiele: Ärzte stellen Diagnosen über Fernsehkameras, Hausfrauen kaufen in Warenhäusern ein, ohne dort hinzugehen, der Unterricht erfolgt mittels Fernseheinrichtungen im Hause.

Literaturhinweise

Hans B. Barbe, Möglichkeiten und Grenzen der technischen Entwicklung, Vorlesung an der Eidg. Technischen Hochschule Zürich SS 1972.
James R. Bright, A Brief Introduction to Technology Forecasting. Austin1972
James R. Bright und *Milton E.F. Schoeman* (ed.), A Guide to Practical Technological Forecasting, Englewood Cliffs 1973
Bundesministerium des Innern, Das Verursacherprinzip. Umweltbrief Nr. 1, Oktober 1973.
Business Week, The Modest Price of Purging Pollution. März 1972.
Rachel Carson, Silent Spring. Boston 1962. (Deutsche Fassung: Der stumme Frühling, München 1963).
Marvin J. Cetron, Technological Forecasting: A Practical Approach. New York, London, Paris 1969.
Marvin J. Cetron und *Christine A. Ralph,* Industrial Applications of Technological Forecasting. New York, London, Sydney, Toronto 1971.
Walter Chladek, Technologische Voraussagen. VDI Zeitung 113 (1971) 16.
Joseph F. Coates, Technology Assessment: The Benefits, the Costs, the Consequences. The Futurist, December 1971.
Alex Comfort, The rough beast. Arbeitspapier für den Presidents Workshop on Science, Technology and Growth, Gottlieb Duttweiler Institut, Rüschlikon-Zürich 1973.
Barry Commoner, The Closing Circle. London 1972. (Deutsche Fassung: Wachstumswahn und Umweltkrise, Gütersloh 1973).
Norman Dalkey und *Olaf Helmer,* Experimental application of the Delphi method to the use of experts. Management Science, 9 (1963).
Harold F. Davidson, M. J. Cetron und *J. G. Goldhar* (ed.), Technology Transfer. Noordhoff-Leiden 1974.
Meinolf Dierkes, Die Sozialbilanz. Frankfurt, New York 1974.
Gösta Ehrensvärd, Energiehunger. Bern, Stuttgart 1972.
EIRMA Working Group No. X, Technological Forecasting and Long Range Corporate Planning. Paris 1972.
Energy policy project of the Ford Foundation, A Time to Choose. Cambridge, Mass., 1974.
Wolfgang Engelhardt, Umweltschutz. München 1974.
Bruno Fritsch, Die Vierte Welt. Stuttgart 1970.
Christian Gasser, Unternehmensführung im Strukturwandel. Düsseldorf und Wien 1972.
Edward Goldsmith u.a., A Blueprint for Survival. The Ecologist 2 (Jan. 1972) (Deutsche Fassung: Planspiel zum Überleben).
Ralph Graeub, Die sanften Mörder. Rüschlikon-Zürich 1972.
François Hetman, Society and the Assessment of Technology, Paris 1973.
Industry Week, The social audit begins to move. Aug. 20, 1973.
Erich Jantsch, Technological Forecasting in Perspective, Paris 1967.
Erich Jantsch, Technological Planning and Social Futures. London 1972.

Herman Kahn und *B. Bruce-Briggs,* Things to come. New York 1972.
Herman Kahn und *A. J. Wiener,* The Year 2000, Boston 1967. (Deutsche Fassung: Ihr werdet es erleben, Wien 1968).
A. Kaufmann, M. Fustier und *A. Devret,* Moderne Methoden der Kreativität. München 1972.
Wolfgang Klausewitz, W. Schäfer und *W. Tobias,* Umwelt 2000, Frankfurt/Main 1971.
Klaus Peter Krause, Das große Rohstoffmanöver. Frankfurt/Main 1975.
Joseph P. Martino, Technological Forecasting for Decisionmaking. New York, London, Amsterdam 1972.
Dennis L. Meadows, The Limits to Growth. New York 1972. (Deutsche Fassung: Die Grenzen des Wachstums, Stuttgart 1972).
Derek Medfort, Environmental Harrassment or Technology Assessment. London, New York 1973.
Mihailo Mesarović und *Eduard Pestel,* Menschheit am Wendepunkt. Stuttgart 1974.
MITRE Corp., A Technology Assessment Methodology (7 Volumes). Springfield 1971.
OECD, OECD at work for environment. Paris 1973.
Robert W. Prehoda, Designing the Future. Philadelphia, New York, London 1967.
E.F. Schumacher, Small is beautiful. New York 1973. (Deutsche Fassung: Es geht auch anders, München 1974).
Hans U. Scherrer, Strategie der Umweltbelastung. Neue Zürcher Zeitung. 19. 4. 1974.
Science Policy Research Division, Library of Congress, Science Policy – A Working Glossary. Washington 1972.
Jean Jacques Servan-Schreiber, Le défi americain. Paris 1967. (Deutsche Fassung: Die amerikanische Herausforderung, Hamburg 1968).
Gerhard J. Stöber und *Dieter Schumacher* (ed.), Technology Assessment and Quality of Life. Amsterdam, London, New York 1973.
Holger Strohm, Friedlich in die Katastrophe. Hamburg 1973.
Alvin Toffler, Future Shock. London, Sydney, Toronto 1970. (Deutsche Fassung: Der Zukunfts-Schock, Bern, München 1971).
Peter Tompkins und *Christopher Bird,* The Secret Life of Plants. New York 1973. (Deutsche Fassung: Das geheime Leben der Pflanzen, Bern und München 1974).